FORSCHUNGSARBEITEN
AUF DEM GEBIETE DES INGENIEURWESENS
HERAUSGEGEBEN VOM VEREIN DEUTSCHER INGENIEURE
Schriftleitung: D. Meyer und M. Seyffert

Heft 204

Die Temperatur-Wärmeinhaltskurven der technisch wichtigen Metalle

von

F. WÜST, unter Mitarbeit von A. MEUTHEN und R. DURRER

BERLIN 1918
SELBSTVERLAG DES VEREINES DEUTSCHER INGENIEURE
KOMMISSIONSVERLAG VON JULIUS SPRINGER

ISBN 978-3-642-89219-6   ISBN 978-3-642-91075-3 (eBook)
DOI 10.1007/978-3-642-91075-3

Inhaltsverzeichnis.

		Seite
Einleitung:	1) Allgemeines	3
	2) Versuchsverfahren	4
Hauptteil:	1) Vorbemerkungen	11
	2) Eisen	13
	3) Chrom, Molybdän, Wolfram und Platin	23
	4) Zinn, Wismut, Kadmium, Blei, Zink, Antimon, Aluminium, Silber, Gold und Kupfer	28
	5) Mangan, Nickel und Kobalt	48
	6) Theoretische Betrachtungen	56
	7) Zusammenfassung	59

Die Temperatur-Wärmeinhaltskurven der technisch wichtigen Metalle.

Von **F. Wüst**, unter Mitarbeit von **A. Meuthen** und **R. Durrer**.

(Mitteilung aus dem Eisenhüttenmännischen Institut der Kgl. Technischen Hochschule Aachen.)

Einleitung.

1) Allgemeines.

Die Legierungstechnik hat im Laufe der letzten Jahre infolge des gesteigerten Bedarfes und des daraus sich ergebenden Strebens nach neuen Legierungsmöglichkeiten einen starken Aufschwung genommen. Im Zusammenhang hiermit ist die Notwendigkeit einer wissenschaftlichen Erforschung der verschiedenen metallurgischen Vorgänge zur Erzielung geeigneter Legierungen und einer möglichst wirtschaftlichen Gestaltung der Herstellungsverfahren in den Vordergrund getreten. Von grundlegender Bedeutung für die Ausführung derartiger Untersuchungen ist die Kenntnis der spezifischen Wärmen und der Schmelzwärmen der Metalle, denn nur mit ihrer Hilfe ist es möglich, genaue Berechnungen des Wärmehaushaltes bei den einzelnen Schmelzverfahren aufzustellen.

Diese Kenntnis war bisher sehr unvollkommen. Die in der Literatur vorliegenden Angaben über die spezifischen Wärmen der niedrig schmelzenden Metalle (Zinn, Blei, Zink u. a.) reichen nur selten und wenig über die Temperatur des Schmelzpunktes des betreffenden Metalles hinaus; bei den höher schmelzenden Metallen (Silber, Gold, Kupfer u. a.) bleiben die Bestimmungen wesentlich unterhalb des Schmelzpunktes; hier sind Temperaturen von 600 bis 700° fast durchweg die obere Grenze des untersuchten Temperaturgebietes.

Ueber die spezifische Wärme der Metalle im flüssigen Zustande liegen nur vereinzelte Angaben vor, die überdies infolge der vielfach ungenauen Temperaturbestimmung und der durch Oxydation und Verwendung unreiner Stoffe hervorgerufenen Fehler keinen Anspruch auf besondere Genauigkeit erheben können.

Noch weniger zuverlässig erscheinen die in der Literatur vorhandenen Angaben über die Schmelzwärmen der Metalle. Sie sind fast durchweg in der Weise erhalten worden, daß aus dem Unterschied der spezifischen Wärmen der betreffenden Metalle bei der Temperatur des Schmelzpunktes im festen sowie im flüssigen Zustande die beim Schmelzen gebundene Wärme berechnet wurde. Diese Art der Bestimmung muß infolge der Unmöglichkeit, die Temperaturen scharf einzuhalten, zu ungenauen Ergebnissen führen. Den Grad der Unsicherheit der so gewonnenen Werte kennzeichnen am besten die teilweise recht erheblichen Abweichungen in den Angaben über die Schmelzwärmen, die z. B. bei Aluminium etwa 25 vH, bei Kupfer sogar über 40 vH betragen.

Zweck der vorliegenden Untersuchung ist eine systematische Bestimmung der spezifischen Wärmen der Metalle im festen und im flüssigen Zustande, der Schmelzwärmen der Metalle und der Wärmetönungen bei den allotropen Umwandlungen, oder kurz gesagt, eine Bestimmung der Temperatur-Wärmeinhaltskurven der Metalle.

2) Versuchsverfahren.

Die für die Aufstellung der Wärmeinhaltskurven in Betracht kommenden Wärmemessungen wurden mit dem von Oberhoffer[1]) ausgearbeiteten Vakuumkalorimeter, einer Verbindung des Bunsenschen Eiskalorimeters mit einem elektrischen Vakuumofen, ausgeführt. In Abb. 1 bedeutet k das Kalorimeter, w den elektrischen Widerstandsofen, tt' das Thermoelement, uu' die Vorrichtung zum Auslösen des Versuchskörpers, q das Quecksilbernäpfchen.

Ueber Einzelheiten des Kalorimeters sei auf die Arbeiten von Oberhoffer[1]), Oberhoffer und Meuthen[2]) und Meuthen[3]) verwiesen.*)

In der Hauptsache kam das Kalorimeter in der von Oberhoffer angegebenen Form zur Anwendung. Eine Abänderung erfuhr es für einen großen Teil der Versuche dadurch, daß der von Oberhoffer gewählte Widerstandsofen in Form eines spiralförmig aufgeschnittenen Kohlerohres, das infolge seiner schwierigen Herstellung und seiner großen Empfindlichkeit Anlaß zu häufigen Störungen der Untersuchungen gab, durch einen Widerstandsofen ersetzt wurde, der aus einem mit Chromnickeldraht bewickelten Porzellanrohr bestand.

Dieser Ofen ließ im Vakuum eine Erhitzung bis 1300° ohne Schwierigkeiten zu. Eine weitere Steigerung der Versuchstemperatur war nicht angängig, da ein Durchschmelzen der Chromnickelspirale und der aus Nickeldraht bestehenden Zuleitungen für die Auslösevorrichtung zu erwarten war. Die zunächst untersuchten Metalle: Zinn, Wismut, Kadmium, Zink, Antimon, Aluminium, Silber, Gold, Kupfer und Mangan haben einen mehr oder weniger tief unterhalb 1300° liegenden Schmelzpunkt, so daß die mit dem Ofen erreichbaren Temperaturen vollkommen genügten, um die Schmelzwärme und die spezifische Wärme im flüssigen Zustande in einem ausreichend großen Temperaturgebiet zu ermitteln.

Bei den Metallen mit höher liegenden Schmelzpunkten ergab sich die Notwendigkeit, einen Ofen zu entwerfen, der höhere Erhitzungen gestattete.

Trotz der schon geäußerten Bedenken gegen die Verwendung der Kohlespirale blieb diese Erhitzungsart die praktisch einzig durchführbare, da andere in Betracht kommende Erhitzungsmöglichkeiten für Temperaturen über 1300° unbrauchbar erschienen.

Die verwendete Kohlespirale besaß 28,3 Windungen vom Querschnitt $Q = 4 \cdot 2,5$ qmm. Die Länge L der gesamten Windungen war $28,3 \cdot 70,7 = 2000$ mm. Die Leitfähigkeit λ der Retortenkohle, aus der die Spirale bestand, ist $145\ \Omega^{-1}$ auf den Zentimeterwürfel. Aus diesen Werten berechnet sich der Widerstand der Spirale bei 0° wie folgt:

$$W_0 = \frac{L}{\lambda Q} = \frac{2 \cdot 10^4}{145 \cdot 4 \cdot 2,5} = 13,8\ \Omega.$$

---

*) Die Hinweise [1]) [2]) [3]) usw. sind aus dem Literaturnachweis am Schluß der Arbeit, S. 60, zu ersehen.

Der Temperaturkoeffizient α der Retortenkohle ist im Mittel etwa $-0{,}0002$ auf 1° C. Es ergibt sich demnach für den Widerstand der Spirale bei 1600°:

$$W_{1600} = W_0(1 + \alpha t) = 13{,}8\,(1 - 0{,}0002 \cdot 1600) = 13{,}8 \cdot 0{,}68 = 9{,}38\,\Omega.$$

Aus der zur Verfügung stehenden Höchstspannung von 220 V und dem Widerstande von $9{,}38\,\Omega$ berechnet sich die Heizstromstärke i zu $i = \dfrac{220}{9{,}38} = 23{,}5$ Amp. Bei der Ausschaltung des gesamten Vorschaltwiderstandes flossen

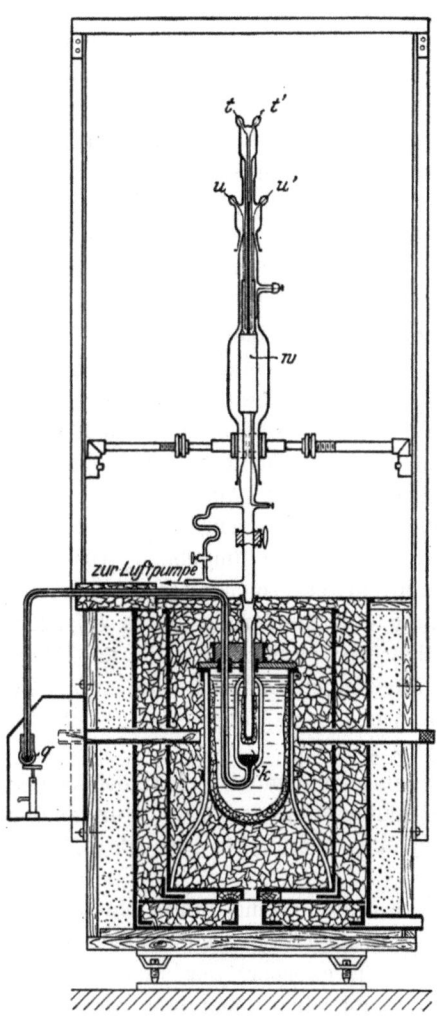

Abb. 1.

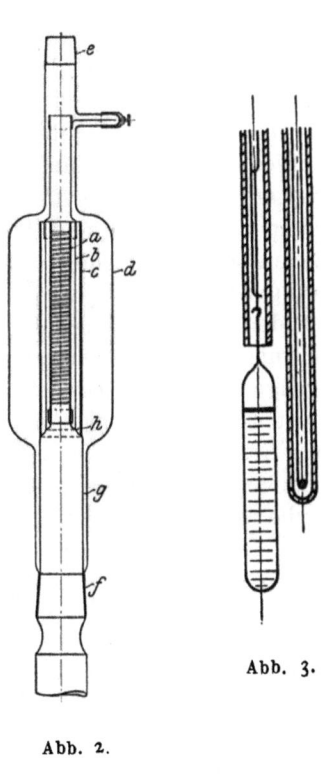

Abb. 1 bis 3. Versuchsanordnung.

Abb. 2.

Abb. 3.

in Wirklichkeit nur etwa 20 Amp durch den Ofen. Der Verlust an Stromstärke rührte von den Zuleitungen her, die baulicher und wärmetechnischer Rücksichten wegen aus verhältnismäßig dünnen Platindrähten mit entsprechend hohem Widerstand bestanden.

Zur Wärmeisolierung war die Kohlespirale a, Abb. 2, von einem Quarzzylinder b und weiter von einem Kohlezylinder c umgeben. Der ganze Ofen befand sich in einem Glaskörper d, der oben und unten je mit einem Schliff e und f versehen war, um ein luftdichtes Abschließen zu ermöglichen. Der Unterteil g

hatte oberhalb des Schliffes *f* einen zur Aufnahme der drei Zylinder entsprechend geformten Ansatz *h*. Im übrigen ist die Anordnung mit Ausnahme der etwas größeren Abmessungen dieselbe wie die in den oben erwähnten Arbeiten beschriebene.

Mit dem Ofen ließ sich in drei Minuten die Temperatur von 1600° erreichen. Diese schnelle Steigerung der Temperatur ist zur Durchführung der Versuche notwendig, da bei langsamem Anheizen die Wandungen des Glaskörpers *d* zu stark erhitzt würden. Ihre Temperatur blieb infolgedessen selbst bei den bei den höchsten Temperaturen durchgeführten Versuchen noch beträchtlich unterhalb der Erweichungstemperatur des Glases.

Vorversuche zeigten, daß die Platinteile, die sich innerhalb der Kohlespirale befanden, bei der oben angegebenen Erhitzungsdauer dicht oberhalb 1300° zu schmelzen begannen. Hierbei handelte es sich zunächst nur um das Abschmelzen der Platindrähte von 0,1 mm Dmr., an denen der Versuchskörper befestigt war. Drähte von 0,5 mm Stärke widerstanden bis zu einer Temperatur von etwa 1450°. Die Ursache dieser an sich auffallenden Erscheinung dürfte in folgender Ueberlegung ihre Erklärung finden: Bei den hohen Temperaturen und der verhältnismäßig hohen Spannung werden von der Spirale im luftleeren Raume kleine Kohleteilchen ausgeschleudert, die sich beim Auftreffen auf das Platin mit diesem legieren und seinen Schmelzpunkt erniedrigen. Je dünner der angegriffene Platindraht ist, um so schneller werden ihn die Kohleteilchen durchdringen, während bei dicken Drähten eine längere Einwirkung oder höhere Temperatur erforderlich ist, um eine Kohlung des Metalles durch den ganzen Querschnitt hindurch zu verursachen und damit eine Erniedrigung seines Schmelzpunktes herbeizuführen. Zur Ausschaltung dieses Vorganges, der die Ausführung der Versuche hinderte, wurde das Thermoelement mit einem Schutzrohr aus Marquardtscher Masse umgeben. Aus demselben Grunde wurde die Aufhängevorrichtung in ein solches Rohr eingebaut. Sie mußte gegen ihre ursprüngliche Gestaltung eine Aenderung dahin erfahren, daß die Kohlewürfelchen durch Platindrähte ersetzt wurden, die an ihrem unteren Ende flach geschmiedet und mit einer feinen Oeffnung zur Aufnahme des Aufhängedrahtes versehen waren; sie wurden so umgebogen, daß die Bohrungen senkrecht übereinander lagen, Abb. 3.

Die Lötstelle des zur Temperaturmessung dienenden Thermoelementes befand sich außerhalb des Versuchskörpers in halber Höhe desselben. Unmittelbar abgelesen wurde also die Ofentemperatur einer der Mitte der Probe entsprechenden Zone.

Um festzustellen, ob der Versuchskörper durch seine ganze Masse hindurch die von dem Thermoelement angezeigte Temperatur angenommen hatte, wurde folgende Bestimmung ausgeführt: Ein Eisenkörper, der in Form und Abmessungen den zu den Versuchen benutzten Proben entsprach, wurde in Richtung seiner Längsachse mit einer Ausbohrung versehen, in welche ein zweites Thermoelement eingeführt wurde. Das andere Thermoelement befand sich in der bei den eigentlichen Versuchen üblichen Lage.

Die bei der Erhitzung abgelesenen Temperaturen der beiden Thermoelemente ergaben folgende Unterschiede:

Temperatur im Versuchskörper	Temperatur außerhalb des Versuchskörpers	Unterschied
200°	201°	+1°
400°	401°	+1°
700°	702°	+2°
1 000°	1 002°	+2°

Diese Messungen beweisen, daß die infolge der Anordnung der Lötstelle des Thermoelementes außerhalb des Versuchskörpers entstehenden Fehler der Temperaturbestimmung sehr gering sind und daher vernachlässigt werden können.

Die hier wie auch bei den späteren Versuchen wiedergegebenen Temperaturen sind beobachtete Versuchstemperaturen, deren genaue Einstellung durch geeignete Regelung des Heizstromes mittels zweier hintereinander geschalteter Kurbelwiderstände erreicht wurde.

Die für die Versuche verwendeten Thermoelemente wurden nach dem Siedepunkt des Wassers und den Schmelzpunkten der Metalle: Zinn, Blei, Zink, Antimon, Silber, Gold und Nickel geeicht.

Frühere Untersuchungen — vergleiche die auf S. 4 angegebenen Arbeiten — haben gezeigt, daß mit dem von Oberhoffer eingeführten Kalorimeter sehr zuverlässige Werte erzielt wurden; diese Erfahrung wurde auch durch die vorliegende Arbeit bestätigt, da die Unterschiede zwischen zwei Einzelversuchen fast durchweg kleiner als 1 vH waren.

Die Einrichtung des Apparates erlaubte eine Uebertragung des geschmolzenen Metalles vom Ofen in das Kalorimeter ohne Zuhilfenahme eines Schmelzgefäßes nicht; infolgedessen wurde das Metall zur Durchführung der Versuche in Quarzröhrchen eingeschmolzen und der Wärmeinhalt von Quarz + Metall bestimmt. Die spezifische Wärme des Metalles ergibt sich dann unter Berücksichtigung der Gewichte der Quarzhülle und des eingeschmolzenen Metalles als Unterschied der gesamten abgegebenen Wärme und des Wärmeinhaltes des Quarzkörpers.

Die Verwendung einer Quarzhülle bei der Bestimmung des Wärmeinhaltes der Metalle bringt gewisse Nachteile mit sich. Die Wärmekapazität von Quarz ist fast durchweg um ein Mehrfaches größer als diejenige der Metalle, sodaß ein verhältnismäßig kleiner Fehler bei der Bestimmung der spezifischen Wärme von Quarz sich bei derjenigen der Metalle in erheblicher Weise bemerkbar machen kann. Da bei den beabsichtigten Untersuchungen der Wärmeinhalt von Quarz + Metall gemessen wurde, so mußte eine durch Versuchs- und Beobachtungsfehler hervorgerufene Abweichung, die bei der gesamten bei einem Versuche abgegebenen Wärmemenge als durchaus im Rahmen der Versuchsfehler gelegen bezeichnet werden konnte, infolge ihrer einseitigen Uebertragung auf die von dem Metall abgegebene Wärmemenge hier in wesentlicher Weise in die Erscheinung treten; dies war um so mehr zu erwarten, je kleiner die spezifische Wärme und je geringer das Gewicht des betreffenden Metalles waren.

Voraussetzung für die Zuverlässigkeit der auf diesem Wege zu erzielenden Ergebnisse war also vor allen Dingen eine genaue Ermittlung der Temperatur-Wärmeinhaltskurve von Quarz. Da die in der Literatur vorhandenen Angaben über die spezifische Wärme von Quarz sich nur bis zu einer Temperatur von etwa 1000° erstrecken und die Werte zum Teil nicht unerheblich von einander abweichen, so mußte die spezifische Wärme für einen Temperaturbereich von 100 bis 1600° neu bestimmt werden.

Hierzu dienten zwei massive Körper aus undurchsichtigem Quarzglas (bezogen von der Deutschen Quarzgesellschaft Beuel a/Rh.) im Gewicht von etwa 1,5 und 2 g.

Für jede Versuchstemperatur wurden mindestens zwei Bestimmungen ausgeführt.

Auf Grund der hieraus gewonnenen Mittelwerte folgt der Wärmeinhalt von Quarz zwischen 100 und 1600° der Gleichung:

$$W = 3{,}44 + 0{,}2328\,t + 0{,}000022\,t^2.$$

W bedeutet den Wärmeinhalt von 1 g Quarz, t die zugehörige Temperatur. Zahlentafel 1 enthält die hauptsächlichsten Literaturangaben über die spezifische Wärme von Quarz. In Zahlentafel 2 sind die auf Grund vorliegender Untersuchung beobachteten und berechneten Werte des Wärmeinhaltes und deren Abweichungen ihrem absoluten und relativen Betrage nach angegeben. In Abb. 4 sind die Versuchsergebnisse zeichnerisch aufgetragen. Zahlentafel 3 und Abb. 5 und 6 enthalten die Werte für die spezifischen Wärmen und ihre zeichnerische Darstellung. Auf die nähere Besprechung über die Ableitung der Gleichung und

Zahlentafel 1. Quarz.

Stoff	Temperatur °C	spezifische Wärme	Beobachter
Quarz, klar	12—100	0,1881	Joly[4]) 1887
Quarz, weiß, opalis . .	12—100	0,2375	»
	0	0,1737	Pionchon[5]) 1888
	350	0,2786	»
	400—1200	0,305	»
	20—100	0,190	Bartoli[6]) 1891
	20—312	0,241	»
	20—530	0,316	»
Quarz, geschmolzen	0	0,16785	Stierlin[7]) 1908
	100	0,19922	»
	500	0,26398	»
	1000	0,28627	»
	0—100	0,1840	White[8]) 1909
	0—500	0,2372	»
	0—700	0,2556	»
	0—900	0,2597	»
	0—1100	0,2643	»
	0—200	0,2250	Laschtschenko[9]) 1910
	0—300	0,2255	»
	0—345	0,2280	»
	0—405	0,2306	»
	0—455	0,2349	»
	0—495	0,2348	»
	0—550	0,2350	»
	0—580	0,2350	»
	0—600	0,2400	»
	0—650	0,2480	»
	0—700	0,2479	»
	0—892	0,2476	»

Zahlentafel 2. Quarz.

Temperatur °C	Wärmeinhalt cal/g		Unterschied		Temperatur °C	Wärmeinhalt cal/g		Unterschied	
	beobachtet	berechnet	cal/g	vH		beobachtet	berechnet	cal/g	vH
100	19,92	20,06	−0,14	−0,71	900	223,79	223,90	−0,11	−0,05
200	43,61	44,00	−0,39	−0,89	1000	249,98	251,36	−1,38	−0,55
300	68,53	68,38	+0,15	+0,22	1100	279,80	279,26	+0,54	+0,19
400	93,34	93,20	+0,14	+0,15	1200	306,05	307,60	−1,55	−0,51
500	117,38	118,46	−1,08	−0,92	1300	337,27	336,38	+0,89	+0,26
600	144,80	144,16	+0,64	+0,44	1400	366,98	365,60	+1,38	+0,37
700	170,78	170,30	+0,48	+0,28	1500	394,57	395,26	−0,69	−0,18
800	198,43	196,88	+1,55	+0,78					

Zahlentafel 3. Quarz.

Temperatur °C	mittlere spezifische Wärme	wahre spezifische Wärme	Temperatur °C	mittlere spezifische Wärme	wahre spezifische Wärme
100	0,2006	0,2372	900	0,2488	0,2724
200	0,2200	0,2416	1000	0,2514	0,2768
300	0,2279	0,2460	1100	0,2539	0,2812
400	0,2330	0,2504	1200	0,2563	0,2856
500	0,2369	0,2548	1300	0,2588	0,2900
600	0,2403	0,2592	1400	0,2611	0,2944
700	0,2433	0,2636	1500	0,2633	0,2988
800	0,2461	0,2680			

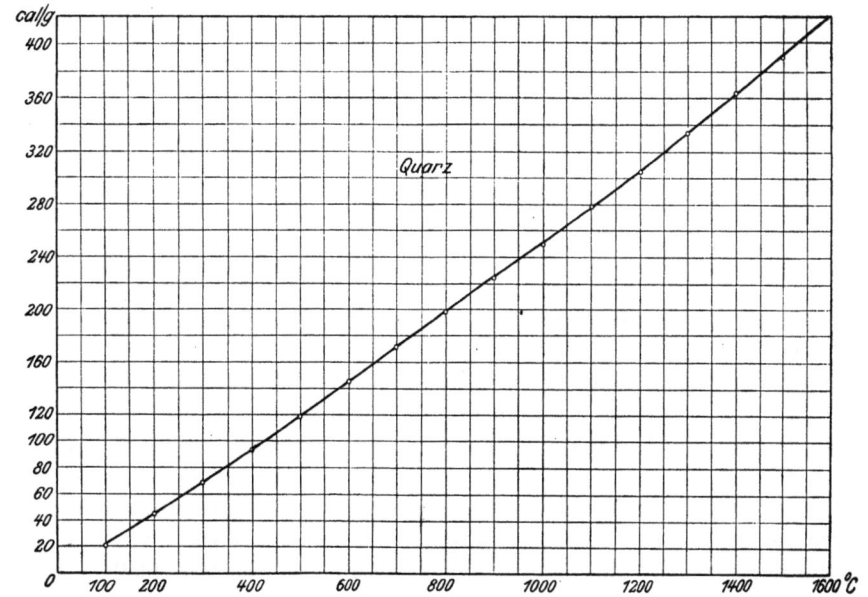

Abb. 4. Wärmeinhalt.

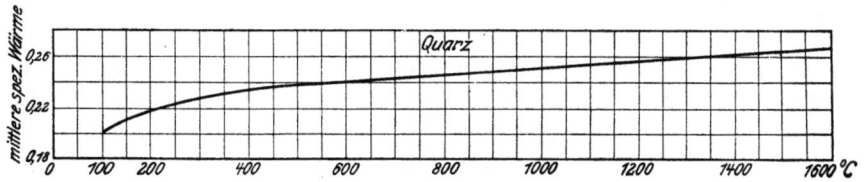

Abb. 5. mittlere spezifische Wärme.

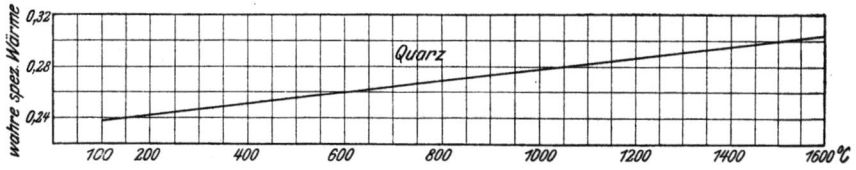

Abb. 6. wahre spezifische Wärme.

ihre Bedeutung, über die Zahlentafeln und Kurven wird weiter unten eingegangen. Ein Vergleich mit den in der Literatur vorliegenden Werten über die spezifische Wärme von Quarz und den durch diese Untersuchung ermittelten Werten zeigt, daß fast durchweg erhebliche Abweichungen vorhanden sind; eine gute

Uebereinstimmung ergibt sich nur mit den von Laschtschenko mitgeteilten Ergebnissen.

Wie oben ausgeführt wurde, spielt neben der genauen Bestimmung der spezifischen Wärme von Quarz das Verhältnis von Quarzgewicht zu Metallgewicht bei der Ermittlung der spezifischen Wärme der Metalle eine wesentliche Rolle. Um das Gewicht der Quarzhülle im Verhältnis zu dem des eingeschmolzenen Metalles gering zu halten, wurden die Einschmelzröhrchen so dünnwandig gewählt, wie es die Rücksicht auf die Durchführung der Versuche erlaubte. Ihre Wandstärke betrug bis zu 0,6 mm bei einem äußeren Durchmesser von etwa 6,5 mm und einer Länge von 35 bis 40 mm. Den Längenabmessungen und dem äußeren Durchmesser waren Grenzen gezogen durch die Notwendigkeit einer gleichmäßigen Erhitzung und durch die etwa 20 mm betragende lichte Weite des Ofens. Das Verhältnis von Quarzgewicht zu Metallgewicht schwankte je nach dem spezifischen Gewicht des Metalles und seiner vorliegenden Form zwischen 1 : 2 und 1 : 5.

Die Röhrchen wurden während des Einschmelzens der Metalle luftleer gemacht, um das Metall vor Oxydation zu schützen und um im Innern des Röhrchens einen Ueberdruck zu vermeiden, der es bei den hohen Temperaturen zersprengt hätte.

Die Herstellung der Versuchskörper ging auf folgende Weise vor sich: Das in seinen Abmessungen oben beschriebene Quarzröhrchen, welches in der Mitte zu einer Verengung von 2 bis 3 mm Stärke ausgezogen war, wurde nach Ermittlung seines Leergewichtes bis zu dieser Verengung mit dem pulverisierten oder hinreichend zerkleinerten Metall gefüllt. Durch nochmaliges Wiegen wurde das Metallgewicht bestimmt. Nach dem Leerpumpen bis etwa 0,02 mm Quecksilbersäule wurde das Quarzröhrchen an der verengten Stelle im Sauerstoffgebläse abgeschmolzen. Kontrollwägungen ergaben Unterschiede bis 0,0010 g, die auf unvermeidliche Verluste beim Zuschmelzen der Quarzröhrchen zurückzuführen sind; sie machen im ungünstigsten Falle nur etwa 2 vH des durchschnittlichen Versuchsfehlers aus, sodaß sie unberücksichtigt bleiben können.

Bei denjenigen Metallen, die eingeschlossene Gase enthalten, wurde das an die Luftpumpe angeschlossene Quarzkörperchen mit dem eingefüllten Metall vor dem Zuschmelzen unter fortwährendem Leerpumpen bis über den Schmelzpunkt des Metalles erhitzt, um die Gase auszutreiben. Bei den einzelnen in Frage kommenden Metallen wird näher auf diesen Punkt eingegangen werden.

Bei den Untersuchungen unterhalb 1300° war an dem ursprünglich geschlossenen Ende des Quarzröhrchens ein kurzes Häkchen aus Quarz angeschmolzen, an dem das Röhrchen mit Hilfe eines Platindrahtes von 0,1 mm Dicke aufgehängt wurde. Bei Bestimmungen, die oberhalb 1300° ausgeführt wurden, kamen Quarzröhrchen zur Verwendung, bei denen das Quarzhäkchen eine Länge von etwa 10 mm besaß.

Bei einzelnen Metallen wurden die Versuche unterhalb des Schmelzpunktes mit einem massiven Metallkörper durchgeführt.

Um einen Anhalt über das Maß der durch Verwendung der Quarzhülle verursachten Versuchsfehler zu gewinnen, wurden mit den Metallen Silber, Gold und Kupfer Versuche mit und ohne Verwendung von Quarzröhrchen bei verschiedenen unterhalb des Schmelzpunktes gelegenen Temperaturen ausgeführt. Das Ergebnis dieser Untersuchungen liegt in folgender Zusammenstellung vor; in dieser sind unter W_I die beobachteten Werte bei Verwendung einer Quarzhülle, unter W_{II} die Werte ohne Quarzhülle und in der folgenden Spalte die Unterschiede in cal/g wiedergegeben.

Metall	Temperatur °C	W_I mit Quarzhülle cal/g	W_{II} ohne Quarzhülle cal/g	Unterschied $(W_{II} - W_I)$
Silber	100	10,00	9,84	+0,16
»	300	41,05	40,11	+0,94
»	600	70,97	70,45	+0,52
»	900	103,16	103,59	−0,43
Gold	100	5,44	5,44	0,00
»	400	18,04	18,17	−0,13
»	700	36,06	36,06	0,00
»	1000	56,27	55,42	+0,85
Kupfer	100	2,96	2,83	+0,13
»	400	13,20	13,10	+0,10
»	700	22,96	22,77	+0,10
»	1000	32,84	33,08	−0,24

Diese Werte zeigen, daß eine gesetzmäßige Beeinflussung der Versuchsergebnisse durch die Verwendung der Quarzhülle nicht stattgefunden hat. Im übrigen halten sich die Abweichungen im Rahmen üblicher Versuchsfehler. Weitere Kontrollversuche sind in einem späteren Abschnitt erwähnt (vergl. Kapitel Eisen).

Hauptteil.

1) Vorbemerkungen.

Um Wiederholungen zu vermeiden, seien hier einige allgemeine Bemerkungen vorausgeschickt, die für die sämtlichen behandelten Metalle zutreffen.

Aus den Versuchswerten, welche die Wärmeinhalte in Grammkalorien für 1 g Metall für die verschiedenen Temperaturen angeben, sind nach der Methode der kleinsten Quadrate die wahrscheinlichsten Werte berechnet worden. Da die gefundenen Wärmeinhalte sich auf die Gleichgewichtstemperatur des Kalorimeters beziehen, also auf 0°, so muß sich theoretisch bei 0° auch ein Wärmeinhalt von 0 cal/g ergeben. Aus diesem Grunde wurden die Kurven durch den Koordinatenanfangspunkt gelegt, was analytisch das Verschwinden des absoluten Gliedes in der Gleichung für den untersten Kurvenast bedeutet*). Die beobachteten und die berechneten Werte sowie deren absolute und relative Unterschiede sind bei jedem Metall in einer Zahlentafel zusammengestellt; die beobachteten und berechneten Werte sind außerdem in einem Koordinatensystem aufgetragen, dessen Abszissen die Temperaturen, dessen Ordinaten die Wärmeinhalte in cal/g darstellen. Die berechneten Werte sind durch einen fortlaufenden Linienzug verbunden, die beobachteten als Kreise eingetragen.

In einer weiteren Zahlentafel sind bei jedem Metall die mittleren und die wahren spezifischen Wärmen zusammengestellt; außerdem sind diese beiden Größen in Abhängigkeit von der Temperatur aufgetragen.

Die mittlere spezifische Wärme s ergibt sich als Quotient zwischen dem Wärmeinhalt W und der zugehörigen Temperatur t:

$$s = \frac{W}{t}.$$

---

*) Eine Ausnahme hiervon macht die Gleichung der Wärmeinhaltskurve von Quarz, deren Berechnung zu Beginn der Untersuchungen nur unter Verwendung der durch Versuch ermittelten Werte erfolgte. Diese Gleichung ist bei der Bestimmung der Wärmeinhaltskurven der Metalle zugrunde gelegt worden.

Da die Versuche in vorliegender Arbeit sich alle auf 0° beziehen, sind die mittleren spezifischen Wärmen für den Bereich zwischen der betreffenden Temperatur und dem Gefrierpunkt berechnet, sodaß z. B. die Angabe: mittlere spezifische Wärme bei 300° die mittlere spezifische Wärme zwischen 0 und 300° bedeutet.

Die wahre spezifische Wärme s' ist der erste Differentialquotient des Wärmeinhaltes nach der Temperatur t:

$$s' = \frac{dW}{dt} \text{ (Integralform: } \int_0^t s' dt = st\text{).}$$

Die Wärmetönungen bei den Umwandlungs- und Schmelzpunkten wurden durch Extrapolation der beiden angrenzenden Kurven bis zur Temperatur der Umwandlung oder Schmelzung als Unterschied aus dem Wärmeinhalt des Metalles bei dieser Temperatur nach und vor dem betreffenden Vorgang berechnet.

Die Koeffizienten der Gleichungen für die Wärmeinhalte und für die mittleren spezifischen Wärmen sind in Zahlentafel 57, S. 56, die für die wahren spezifischen Wärmen in Zahlentafel 58 zusammengestellt.

Die einfachste Temperatur-Wärmeinhaltskurve liefert ein Metall, dessen wahre spezifische Wärme sich stetig ändert von den tiefsten Temperaturen bis zur Temperatur des Schmelzpunktes. Die Kurve wird durch einen je nach Art des Metalles schwächer oder stärker ansteigenden Linienzug gebildet. Bei der Temperatur des Schmelzpunktes tritt eine Unstetigkeit*) in die Erscheinung, hervorgerufen durch das Auftreten einer Wärmetönung, der Schmelzwärme. Oberhalb des Schmelzpunktes verläuft die Kurve in gleicher Weise weiter.

Verwickeltere Kurven liefern die Metalle mit Umwandlungen.

Die in vorliegender Arbeit untersuchten Metalle sind nach der Beschaffenheit ihrer Wärmeinhaltskurven in drei Gruppen zusammengefaßt. Die erste Gruppe enthält die Metalle: Chrom, Molybdän, Wolfram und Platin, deren Wärmeinhaltskurven keinen Umwandlungspunkt aufweisen und deren Schmelzpunkte außerhalb des untersuchten Temperaturbereiches liegen. Die Wärmeinhaltskurven stellen deshalb einen ununterbrochenen Linienzug dar.

Die zweite Gruppe umfaßt die Metalle: Zinn, Wismut, Kadmium, Blei, Zink, Antimon, Aluminium, Silber, Gold und Kupfer, die auch keinen durch diese Untersuchung nachweisbaren Umwandlungspunkt besitzen, deren Schmelzpunkte aber innerhalb des untersuchten Temperaturgebietes liegen.

Zur dritten Gruppe gehören die Metalle: Mangan, Nickel, Kobalt und Eisen, die außer dem Schmelzpunkt einen oder mehrere Umwandlungspunkte zeigen.

In den Literaturangaben — zum Teil den »Physikalisch-Chemischen Tabellen, Landolt-Börnstein 1912« entnommen — sind nur die wichtigsten Werte erwähnt; von spezifischen Wärmen kommen nur solche in Betracht, die in das hier untersuchte Temperaturgebiet von 0 bis 1600° fallen.

Die Wärmeinhaltskurve von Quarz verläuft gleichartig wie die der Metalle

---

*) Das Wort »Abweichung« wird in vorliegender Untersuchung angewendet für ein solches Stück einer Kurve, innerhalb dessen die Tangenten verschiedener Kurvenpunkte eine bedeutende Richtungsänderung erfahren. Rein mathematisch hat dieser Begriff keine Berechtigung, wohl aber physikalisch-chemisch, da mit einer derartigen Abweichung stets auch eine Aenderung des inneren Zustandes des betreffenden Stoffes verknüpft ist. Beim Gebrauche des Wortes »Unstetigkeit« ist eine solche Richtungsänderung im Verlauf der Kurve gemeint, bei der die Tangente ihren Wert sprungweise ändert, also ein Sonderfall der »Unstetigkeit« im mathematischen Sinne.

der ersten Gruppe; sie steigt stetig an; die von anderen Forschern in der Nähe von 580° beobachtete Wärmetönung kam bei den vorliegenden Bestimmungen nicht zum Ausdruck.

Die Besprechung der einzelnen Metalle erfolgt in der Reihenfolge ihrer vorstehend wiedergegebenen natürlichen Gruppierung. Eine Abweichung von dieser Anordnung wird dadurch gemacht, daß die Erörterung der Temperatur-Wärmeinhaltskurve von Eisen aus Zweckmäßigkeitsgründen vorangestellt und in einem besonderen Abschnitt behandelt wird; denn Eisen besitzt von den untersuchten Metallen die unregelmäßigste Wärmeinhaltskurve, die alle bei den übrigen Metallen in Betracht kommenden Fälle in sich schließt. Der Abschnitt über das Eisen dient also als grundlegendes Beispiel für die Besprechung aller anderen Metalle, bei denen zur Vermeidung fortwährender Wiederholungen die Erklärungen knapper gehalten sind. Infolgedessen werden hier Fragen ausführlicher erörtert, die dort nur gestreift werden.

2) Eisen.
(Zahlentafel 4 und 5, Abb. 7, 8, 9.)

Versuchsanordnung.

Bezüglich der allgemeinen Ausführung der Versuche sei auf das in der Einleitung Gesagte verwiesen.

Unterhalb des Schmelzpunktes wurden die Wärmebestimmungen mit einem massiven Eisenkörper von 5 g Gewicht und 3 mm Dmr. vorgenommen; der oberhalb des Schmelzpunktes gelegene Teil der Wärmeinhaltskurve wurde durch Versuche bestimmt, die unter Verwendung einer Quarzhülle angestellt wurden. Vergleichsversuche bei 1300, 1400 und 1500° mit Eisenspänen, die in Quarzröhrchen eingeschmolzen waren, führten innerhalb der Versuchsfehler zu einer befriedigenden Uebereinstimmung in den Ergebnissen, wie aus folgenden Zahlenwerten hervorgeht:

Temperatur	Absolute Abweichung von der berechneten Kurve
1300°	+ 0,27 cal/g
1400°	+ 0,34 »
1500°	− 0,12 »

Durch diese Messungen erfährt der schon in einem früheren Abschnitte dieser Untersuchung erbrachte Nachweis von der Zuverlässigkeit der unter Verwendung einer Quarzhülle erzielten Ergebnisse (vergl. S. 11) eine weitere Bestätigung.

An dieser Stelle sei ein Verfahren kurz erwähnt, das dazu dienen sollte, auch oberhalb des Schmelzpunktes die Ausführung der Versuche nur mit dem reinen Metall, also ohne Quarzhülle, zu ermöglichen. Ein an dem einen Ende konisch abgedrehter Eisenstab von 150 mm Länge und 4 mm Dmr. wurde an dem Schutzrohr des Thermoelementes so befestigt, daß das untere verjüngte Ende etwa 3 mm unterhalb der Lötstelle des Elementes hing. Ein Versuch verlief dann in folgender Weise: Sobald nach dem Anheizen des Ofens die Schmelztemperatur des Eisens erreicht war, begann der Stab an seinem unteren Ende zu schmelzen; schon nach wenigen Sekunden bildete sich ein Tropfen flüssigen Eisens, der unter allmählicher Zunahme schnell ein Gewicht erreichte, das größer war als der Zusammenhang zwischen ihm und dem festen Metall. In diesem Augenblick riß der Tropfen ab und fiel in die Auffangvorrichtung, wo er seine Wärme an das Kalorimetereis abgab. Sein Gewicht wurde sowohl durch die Gewichtzunahme der Auffangvorrichtung wie durch die Gewichtsabnahme des Eisenstabes gemessen, wobei eine vollständige Uebereinstimmung der auf beide Arten bestimmten Gewichte festgestellt wurde.

Diese Art der Versuchsausführung liefert jedoch keine genauen Ergebnisse, da der einer bestimmten Temperatur entsprechende Gleichgewichtzustand durch die ganze Masse des flüssigen Metalles hindurch infolge seines Zusammenhanges mit noch ungeschmolzener Masse nicht vollständig erreicht werden kann. Der hierdurch verursachte Fehler ist am kleinsten in unmittelbarer Nähe des Schmelzpunktes und wächst mit steigender Temperatur. Berechnet man die Schmelzwärme des Eisens aus den auf diese Weise erhaltenen Werten, so ergibt sich gegenüber dem nach der genaueren Bestimmungsart ermittelten Wert eine Abweichung von 1,5 cal/g, entsprechend 3 vH. Aus diesem Grunde wurde von einer weiteren Anwendung dieses Verfahrens Abstand genommen.

Versuchsmaterial.

Das zu den vorliegenden Untersuchungen verwendete Eisen war ein von den Langbein-Pfanhauser-Werken geliefertes Elektrolyteisen, das nach der im eisenhüttenmännischen Institut, Aachen, vorgenommenen Analyse folgende Zusammensetzung besaß:

$$
\begin{array}{lll}
\text{Kohlenstoff} & 0,00 & \text{vH} \\
\text{Kupfer} & 0,00 & \text{»} \\
\text{Schwefel} & 0,0013 & \text{»} \\
\text{Phosphor} & 0,00 & \text{»} \\
\text{Silizium} & 0,00 & \text{»} \\
\text{Mangan} & 0,00 & \text{»} \\
\text{Nickel} & 0,00 & \text{»} \\
\text{Chrom} & 0,00 & \text{»}
\end{array}
$$

Da Elektrolyteisen eingeschlossenen Wasserstoff enthält, mußte dieser entfernt werden, da durch Gaseinschlüsse (worauf schon Burgeß und Crowe [11]) aufmerksam gemacht haben) die Lage und Art der Umwandlungspunkte wesentlich beeinflußt werden.

Zur Vertreibung der Gase wurde der Quarzkörper mit Inhalt vor dem Zuschmelzen im Ofen unter fortwährendem Leerpumpen 10 bis 20° über den Schmelzpunkt des Eisens erhitzt. Das Quecksilbermanometer ging bei dieser Temperatur stark zurück, ein Beweis dafür, daß Gase frei wurden. Eine Erhitzungsdauer von etwa fünf Minuten genügte zur vollständigen Entfernung der Gase; eine weitere Erhöhung der Temperatur ergab keine Schwankungen des Manometers mehr. Auch der Eisenkörper, mit dem die Versuche unterhalb des Schmelzpunktes durchgeführt wurden, bestand aus entgastem Metall.

Versuchsergebnisse.

Die Versuchsergebnisse sind in Zahlentafel 4 zusammengestellt und in Abb. 7 aufgetragen.

Die Wärmeinhaltskurve zerfällt in neun Teile. Der unterste Ast erstreckt sich von 0 bis 725°. Bei dieser Temperatur setzt eine Aenderung in dem bisherigen Verlauf der Kurve ein. Die Parabel wird durch ein steiler ansteigendes Kurvenstück unterbrochen, eine Wärmetönung tritt auf, die, wie später ausgeführt wird, als Beginn der A_2-Umwandlung anzusprechen ist.

Zahlentafel 4. Eisen.

Temperatur °C	Wärmeinhalt cal/g beobachtet	Wärmeinhalt cal/g berechnet	Unterschied cal/g	Unterschied vH	Temperatur °C	Wärmeinhalt cal/g beobachtet	Wärmeinhalt cal/g berechnet	Unterschied cal/g	Unterschied vH
100	11,38	11,11	+0,27	+2,37	950	155,63	155,84	−0,21	−0,14
200	23,21	23,36	−0,15	−0,65	1000	162,98	163,08	−0,10	−0,06
300	36,58	36,75	−0,17	−0,46	1100	177,61	177,56	+0,05	+0,03
400	51,41	51,27	+0,14	+0,27	1200	192,19	192,05	+0,14	+0,07
500	66,71	66,94	−0,23	−0,35	1300	206,31	206,53	−0,22	−0,11
600	83,68	83,74	−0,06	−0,07	1350	213,68	213,77	−0,09	−0,04
700	101,58	101,67	−0,09	−0,09	1375	217,28	217,39	−0,11	−0,05
720	105,29	105,40	−0,11	−0,10	1390	219,78	219,57	+0,21	+0,10
725	106,48	106,30	+0,18	+0,17	1395	220,49	220,29	+0,20	+0,09
735	109,13				1400	221,27	221,02	+0,25	+0,11
745	112,21				1404	221,31	221,60	−0,29	−0,13
		112,01			1404,5		221,67		
755	115,97	118,57			1404,5		223,61		
765	118,41				1405	223,99	223,72	+0,27	+0,12
775	121,08				1420	227,21	226,93	+0,28	+0,12
785	123,11	123,34	−0,23	−0,19	1440	230,95	231,21	−0,26	−0,11
790	124,31	124,19	+0,12	+0,10	1460	235,04	235,49	−0,45	−0,19
800	125,91	125,73	+0,18	+0,14	1480	239,51	239,78	−0,27	−0,11
850	133,75	133,69	+0,06	+0,05	1500	244,47	244,06	+0,41	+0,17
900	141,45	141,65	−0,20	−0,14	1520	248,39	248,34	+0,05	+0,02
910	143,19	143,24	−0,05	−0,04	1528		250,06		
915	144,12	144,04	+0,08	+0,06	1528		299,41		
918	144,54	144,51	+0,03	+0,02	1540	301,91	301,21	+0,70	+0,23
919		144,68			1560	303,48	304,21	−0,73	−0,24
919		151,35			1580	306,36	307,22	−0,86	−0,28
920	151,83	151,49	+0,34	+0,22	1600	311,11	310,22	+0,89	+0,29
925	152,03	152,22	−0,19	−0,13					

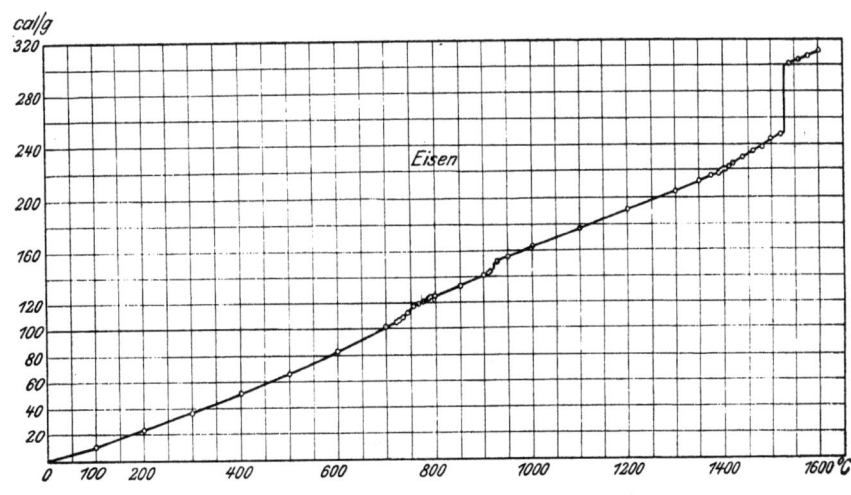

Abb. 7. Wärmeinhalt.

Bei 785° beginnt das dritte Kurvenstück, das wegen seiner Kürze als Gerade berechnet wurde, und das jedenfalls praktisch von einer Geraden nicht abweicht.

Bei 919 ± 1° tritt eine Unstetigkeit auf, die Ac_3-Umwandlung. Die genaue Feststellung dieser Umwandlungstemperatur wurde dadurch erreicht, daß der Wärmeinhalt für die Temperaturpunkte 918 und 920° bestimmt wurde. Bei diesen Grenzversuchen wurde besonderer Wert darauf gelegt, den Gleichgewichtzustand der betreffenden Temperatur erreicht zu haben. Der für 918° erhaltene Wert liegt deutlich auf der unteren Kurve, während der Wärmeinhalt für 920° dem folgenden Kurvenast angehört.

Zur Bestimmung des Ar_3-Punktes wurde das Eisen auf etwa 1000° erhitzt und dann mit sinkender Temperatur zur Versuchstemperatur gebracht. Ar_3 wurde zwischen den Temperaturpunkten 910 und 912° eingeschlossen, wobei ein Gleichbleiben der Temperatur von 10 Minuten erforderlich war, um eine vollständige Einstellung des Gleichgewichtszustandes zu gewährleisten. Ar_3 liegt demnach bei der Temperatur 911 ± 1°. Die Hysteresis beträgt 8 ± 2°.

Das Kurvenstück oberhalb der A_3-Umwandlung weicht kaum von einer Geraden ab.

Bei 1404,5 ± 0,5° erscheint wiederum eine Unstetigkeit, die praktisch senkrecht verläuft. Der Wert für den Wärmeinhalt bei 1404° gehört der unteren, derjenige für den Wärmeinhalt bei 1405° der oberen Kurve an. Die Umwandlungstemperatur ist demnach 1404,5 ± 0,5°.

Der Verlauf der Wärmeinhaltskurve von A_4 bis zum Schmelzpunkt ist praktisch der einer Geraden. Der höchste Versuchspunkt dieses Astes liegt bei 1520°. Der Schmelzpunkt selbst wurde nach Ruer und Klesper[12]) als bei 1528° liegend angenommen und die Schmelzwärme auf diese Temperatur berechnet.

Oberhalb des Schmelzpunktes wurden Versuche, bei 1540° beginnend, von 20 zu 20° bis 1600° ausgeführt. Die durch diese Punkte gelegte Kurve ist als Gerade berechnet worden.

Die Wärmetönung von A_2, berechnet durch Extrapolation der beiden angrenzenden Kurven bis zur Mitte (755°) des Temperaturbereiches, innerhalb dessen eine Abweichung von dem oberen und unteren Kurvenast stattfindet, beträgt 6,56 cal/g. A_3 besitzt eine Wärmetönung von 6,67, A_4 eine solche von 1,94 cal/g. Die Schmelzwärme des Eisens beträgt 49,35 cal/g.

Die mittleren spezifischen Wärmen sind in Zahlentafel 5 zusammengestellt und in Abb. 8 aufgetragen.

Von 0 bis 725° nimmt die mittlere spezifische Wärme linear zu und steigt bei A_2 entsprechend der hier auftretenden Wärmetönung stärker an. Von 785 bis 919° ist sie nahezu gleichbleibend, erfährt bei A_3 eine Unstetigkeit und nimmt von hier bis A_4 linear ab. Bei A_4 tritt neben einer Unstetigkeit eine Richtungsänderung ein, indem die mittlere spezifische Wärme oberhalb A_4 wieder linear wächst; bei der Temperatur des Schmelzpunktes tritt entsprechend der Größe der Schmelzwärme eine starke Unstetigkeit auf; der weitere Verlauf der Kurve bis 1600° zeigt eine schwache lineare Abnahme.

Die Werte für die wahre spezifische Wärme sind in Zahlentafel 5 zusammengestellt und in Abb. 9 wiedergegeben.

Von 0 bis 725° nimmt die wahre spezifische Wärme linear zu. Bei A_2 bildet sie infolge der Wärmetönung ein sehr schlankes Maximum und bleibt dann bis A_3 konstant; sie hat also bei A_2 eine starke Aenderung erfahren. Bei A_3 wird sie unendlich. Zwischen A_3 und A_4 ist sie nahezu konstant, aber kleiner als vor der Umwandlung. Bei 1404,5° wird sie wieder unendlich und nimmt zwischen A_4 und dem Schmelzpunkt einen konstanten Wert an, der bedeutend größer ist als der unterhalb A_4 gelegene. Die Temperatur des Schmelzpunktes läßt die wahre spezifische Wärme von neuem unendlich werden. Von 1528 bis 1600° ist sie konstant, aber erheblich kleiner als in dem Bereich unmittelbar vor der Schmelzung.

Zahlentafel 5. Eisen.

Temperatur °C	mittlere spezifische Wärme	wahre spezifische Wärme	Temperatur °C	mittlere spezifische Wärme	wahre spezifische Wärme
0		0,1055	925	0,1645	0,1448
100	0,1111	0,1168	950	0,1640	0,1448
200	0,1168	0,1282	1000	0,1630	0,1448
300	0,1225	0,1396	1100	0,1614	0,1448
400	0,1282	0,1509	1200	0,1600	0,1448
500	0,1339	0,1623	1300	0,1589	0,1449
600	0,1396	0,1737	1350	0,1584	0,1449
700	0,1452	0,1850	1375	0,1581	0,1449
720	0,1464	0,1873	1390	0,1580	0,1449
725	0,1467	0,1879	1395	0,1579	0,1449
		0,2830	1400	0,1579	0,1449
735	0,1484	0,3080	1404	0,1578	0,1449
745	0,1506	0,3760	1404,5	0,1578	0,1449
755	0,1536	0,3440	1404,5	0,1592	0,2142
765	0,1548	0,2676	1405	0,1592	0,2142
775	0,1562	0,2260	1420	0,1598	0,2142
785	0,1571	0,1592	1440	0,1606	0,2142
790	0,1571	0,1592	1460	0,1613	0,2142
800	0,1572	0,1592	1480	0,1620	0,2142
850	0,1573	0,1592	1500	0,1627	0,2142
900	0,1574	0,1592	1520	0,1634	0,2142
910	0,1574	0,1592	1528	0,1637	0,2142
915	0,1574	0,1592	1528	0,1959	0,1501
918	0,1574	0,1592	1540	0,1956	0,1501
919	0,1574	0,1592	1560	0,1951	0,1501
919	0,1647	0,1448	1580	0,1944	0,1501
920	0,1647	0,1448	1600	0,1939	0,1501

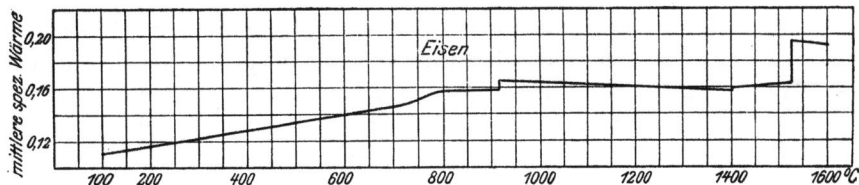

Abb. 8. mittlere spez. Wärme.

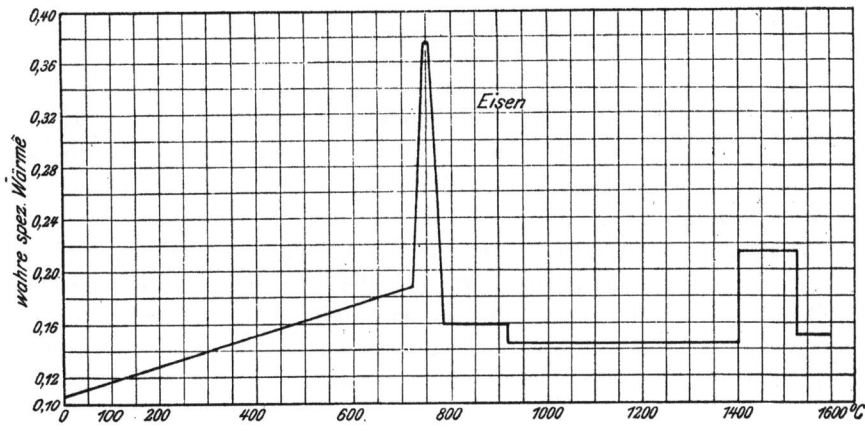

Abb. 9. wahre spez. Wärme.

Besprechung der Versuchsergebnisse.

Rein äußerlich betrachtet, folgt aus der Wärmeinhaltskurve (Abb. 7), daß sie vier »Abweichungen«*) besitzt, von denen drei »Unstetigkeiten«*) darstellen. Da diese in Zusammenhang mit den allotropen Umwandlungen stehen, sei zunächst eine kurze Darstellung einiger hierauf bezüglicher Theorien gegeben.

Die Frage über die Allotropie des Eisens ist noch nicht vollständig geklärt, trotzdem eine große Zahl eingehender Untersuchungen darüber vorliegt. Allgemein stimmen wohl die Ansichten darin überein, daß der A_3-Punkt einer wohl definierten Phasenumwandlung entspricht, während über die Art und Bedeutung des A_2-Punktes gerade in den letzten Jahren sehr widerstreitende Meinungen geäußert worden sind.

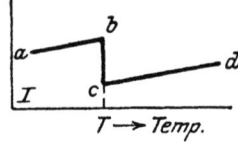

Die hauptsächlichsten Theorien lassen sich kurz folgendermaßen zusammenfassen:

1) A_2 und A_3 sind selbständige Umwandlungspunkte und grenzen die Zustandsgebiete der drei Formen des Eisens, α-, β- und γ-Eisen, gegeneinander ab.

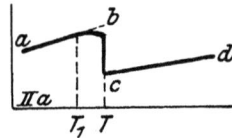

2) A_3 ist ein Umwandlungspunkt, während A_2 nur mit dem Verlust des Magnetismus verbunden ist, begleitet von einer geringen Wärmetönung.

3) A_2 ist der Punkt einer beginnenden Löslichkeit von γ- in α-Eisen. Die vollständige Umwandlung geht bei A_3 vor sich.

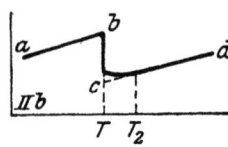

Nach Benedicks[10]) bestehen vier Möglichkeiten allotroper Umwandlungen. Sie sind in Abb. 10 wiedergegeben. Auf den Abszissen ist die Temperatur, auf den Ordinaten eine Stoffeigenschaft aufgetragen.

I) Die allotrope Umwandlung gibt sich in der Kurve als Unstetigkeit zu erkennen, sodaß weder ab noch cd in der Nähe der Umwandlung von dem regelrechten Verlauf der Kurve abweichen. Die Umwandlung geht bei einer bestimmten Temperatur T vor sich; die α-Modifikation (unterhalb T) und die β-Modifikation (oberhalb T) sind nicht ineinander löslich.

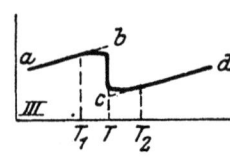

II) Ist eine und nur eine Modifikation in der anderen bis zu einem gewissen Grade löslich, so entsteht die Form II, und zwar die Form IIa, wenn die β-Modifikation in der α-Modifikation löslich ist, die Form IIb, wenn das Umgekehrte der Fall ist.

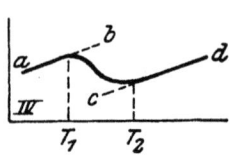

Abb. 10.
allotrope Umwandlungen.

III) Besteht eine gegenseitige beschränkte Löslichkeit der beiden Modifikationen (Form III), so weicht sowohl ab wie cd in der Nähe der Umwandlungstemperatur T von dem regelrechten Verlauf der Kurve ab; die Umwandlung beginnt (bei der Erhitzung) bei T_1 und ist bei T_2 beendet.

IV) Besteht vollkommene Löslichkeit der beiden Modifikationen ineinander, so ist der Uebergang allmählich (Form IV), die Unstetigkeit fehlt vollständig.

Benedicks kommt auf Grund von bis dahin bekannt gewordenen Untersuchungen und eigenen theoretischen Ueberlegungen zu dem Schluß, daß die Umwandlung A_3 des Eisens der Form IIa entspricht. Der Punkt A_2 bezeichnet den Beginn der Umwandlung, die bei A_3 vollständig wird. Nach dieser

---
*) Ueber die Bedeutung dieser Bezeichnungen siehe Vorbemerkungen, S. 12.

Theorie ist also kein β-Eisen vorhanden, oder, wenn man von einem solchen spricht, ist darunter eine Lösung von γ- in α-Eisen verstanden. Bis A_2 haben wir bei vollkommenem Gleichgewicht, das bei diesen Betrachtungen immer vorausgesetzt wird, α-Eisen, zwischen A_2 und A_3 Mischkristalle von α- und γ-Eisen und oberhalb A_3 γ-Eisen.

Dieser Theorie treten Burgess und Crowe[11]) auf Grund sehr sorgfältiger thermischer Untersuchungen entgegen. Sie finden für Ac_3 909 ± 1°, für Ar_3 898 ± 2°. Während Benedicks den Punkt A_2 als Beginn der bei A_3 beendigten α-γ-Umwandlung bezeichnet, gelangen Burgess und Crowe zu der Schlußfolgerung, daß es sich dabei um einen selbständigen Umwandlungspunkt nach Form I handelt, dessen Temperatur bei 768 ± 0,5° liegt. Sie führen die Abweichung ihrer Versuchsergebnisse von früheren in der Hauptsache darauf zurück, daß bei diesen das Eisen Verunreinigungen enthielt, vor allem Wasserstoff, denen bis dahin zu wenig Beachtung geschenkt worden war. Sie schmolzen ihren aus Elektrolyteisen bestehenden Probekörper zuvor im luftleeren Raum, um die Gaseinschlüsse zu entfernen, da diese nach ihren Beobachtungen die Lage und Art der Umwandlungspunkte wesentlich beeinflussen.

Ueber einen γ-δ-Umwandlungspunkt A_4 ist von Ruer und Klesper[12]) eine Arbeit erschienen, die eine Umwandlung des Eisens bei 1401° angibt. Dieser Umwandlungspunkt ist mittels Abkühlungskurven bestimmt worden. In derselben Arbeit wird der Schmelzpunkt des Eisens zu 1528° angegeben.

Die erste Abweichung von dem regelrechten Verlauf der Kurve liegt in vorliegender Arbeit zwischen 725 und 785° und stellt entsprechend den gegebenen Erklärungen eine Umwandlung von Form IV nach Benedicks dar. Wird die unterhalb dieser Abweichung beständige Modifikation in der üblichen Weise mit α-Eisen bezeichnet, die oberhalb beständige mit β-Eisen, so sind in dem Temperaturbereich von 725 bis 785°, über das sich die nachgewiesene Abweichung erstreckt, die beiden genannten Modifikationen vollständig ineinander löslich.

Die Abweichung A_3 bei 919 ± 1° bezw. 911 ± 1° stellt eine Unstetigkeit im Sinne einer allotropen Umwandlung nach Form I dar. Die oberhalb dieses Umwandlungspunktes beständige Modifikation, das γ-Eisen, ist unlöslich in der unterhalb beständigen, dem β-Eisen.

Dasselbe gilt für die Abweichung A_4 bei 1404,5 ± 0,5°; δ-Eisen, oberhalb A_4 beständig, ist unlöslich in γ-Eisen.

Bei der Unstetigkeit bei 1528° schmilzt das Eisen.

Die vorstehend gegebene Auslegung der Kurve deckt sich mit keiner der bisherigen Theorien über die Allotropie des Eisens. Benedicks nimmt, wie schon oben hervorgehoben wurde, an, daß es überhaupt kein β-Eisen gibt, sondern daß die mit β-Eisen bezeichnete Modifikation einer festen Lösung des γ-Eisens in α-Eisen entspricht. Trotzdem läßt sich die vorliegende Kurve durch seine Theorie deuten, wenn seine Auffassung über die magnetische Umwandlung des Eisens zugrunde gelegt wird. Hiernach ändert sich die Magnetisierung von Legierungen, die aus einem ferromagnetischen und einem nicht ferromagnetischen Stoff bestehen, nicht proportional mit der Konzentration. Werden zu der reinen ferromagnetischen Komponente A wachsende Mengen der nicht ferromagnetischen Komponente B hinzugesetzt, so nimmt die Magnetisierung stärker ab als der Gehalt an A. Die Kurve des Abfalles der Magnetisierung wird zunächst immer steiler und biegt schließlich wieder gegen die Konzentrationsachse um. Der Wert der Magnetisierung wird praktisch schon gleich null, bevor noch die Legierung den aus der nicht ferromagnetischen reinen

Komponente bestehenden Grenzzustand erreicht hat. Nimmt man an, daß die magnetische Umwandlung des Eisens durch einen wachsenden Gehalt des nicht ferromagnetischen γ-Eisens verursacht wird, und daß die Magnetisierung gleich null geworden ist, bevor das α-Eisen vollständig in das γ-Eisen übergegangen ist, so läßt sich die Abweichung zwischen 725 und 785° wie folgt erklären: γ-Eisen ist zwar schon unterhalb 725° in α-Eisen löslich, aber seine Konzentration ist noch nicht stark genug, um eine Verringerung der Magnetisierung und in Verbindung damit eine Wärmetönung hervorzurufen, die imstande wäre, die Wärmeinhaltskurve sichtbar zu beeinflussen. Nähert sich die Konzentration demjenigen Werte, der dem steilsten Abfalle der Magnetisierung entspricht, so wird auch die Wärmetönung entsprechend größer. Bei etwa 755° hätte dann die Abnahme der Magnetisierung ihren höchsten Wert, die Abweichung ihren Wendepunkt erreicht; die Kurve stiege von da ab wieder weniger steil an und bliebe schließlich von 785° an von der Magnetisierung praktisch unbeeinflußt. Die Abweichung darf also entsprechend diesen Ueberlegungen die ideale Gestalt der Form IIa nicht besitzen, sondern die der in vorliegender Arbeit gefundenen Kurve. Bei A_3 geht das noch vorhandene α-Eisen vollständig in γ-Eisen über.

Hält man der Theorie von Benedicks die Erklärung gegenüber, die im Anschluß an die Wärmeinhaltskurve gegeben wurde, daß α-, β- und γ-Eisen bestehen, und daß α- und β-Eisen vollkommen ineinander löslich sind, so ist ersichtlich, daß sich diese Auslegung zwangloser an die Versuchsergebnisse anschließt.

Vorliegende Untersuchungsergebnisse stehen in Widerspruch mit denen von Burgess und Crowe[11]), die den Umwandlungspunkt A_2 als Unstetigkeit bei 768 ± 0,5°, und denen von Ruer und Goerens[13]), die ihn bei 769° fanden.

Von kalorimetrischen Untersuchungen, die die Literatur angibt, kommt hauptsächlich die Arbeit von Meuthen[3]) in Betracht. Meuthen hat eine die Umwandlung A_2 begleitende Wärmetönung zwischen 770 und 790° bestimmt. Die Art der Umwandlung wurde von ihm nicht näher untersucht, sondern nur die Größe des Wärmeeffektes durch Extrapolation festgestellt. Nach seiner Kurve geht also die Umwandlung innerhalb eines Temperaturbereiches von 20° vor sich, was mit den Ergebnissen der vorliegenden Arbeit nicht in Einklang steht. Doch dürfte diese Unstimmigkeit eine einfache Erklärung finden durch die Annahme, daß Meuthen nur den in dem kleinen Temperaturbereich auftretenden Hauptwärmeeffekt beobachtet hat, daß aber die außerhalb dieses Temperaturbereiches noch vorhandenen Wärmetönungen durch seine Untersuchung nicht erfaßt worden sind. Der Umstand, daß der Temperaturbereich für die A_2-Umwandlung durch vorliegende Untersuchung zu 60° ermittelt werden konnte, beruht auf dem geringen Temperaturabstand zwischen den einzelnen Versuchspunkten, der ermöglicht, eine in ihrer Richtung genau bestimmte Kurve festzulegen und diejenigen Punkte als zu ihr gehörend zu betrachten, die von der mathematischen Gleichung der angrenzenden Kurvenäste um Zahlenwerte abweichen, die den durchschnittlichen Versuchsfehler überschreiten.

Die A_2-Umwandlung besitzt ferner ein deutliches Kennzeichen in der Aenderung der spezifischen Wärmen. Bis 725° steigt sowohl die mittlere wie auch die wahre spezifische Wärme proportional der Temperatur stark an, oberhalb 785° verläuft die mittlere spezifische Wärme annähernd parallel, die wahre spezifische Wärme vollständig parallel der Temperaturachse. Im Umwandlungsgebiete steigt die mittlere spezifische Wärme beschleunigt an, die wahre spezifische Wärme zeigt ein scharf ausgeprägtes Maximum.

Die A_3-Umwandlung ist eine scharf ausgeprägte Unstetigkeit. β-Eisen geht bei dieser Temperatur bei Wärmezufuhr in γ-Eisen über; es liegt ein Zweiphasengleichgewicht vor im Gegensatz zur A_2-Umwandlung, bei der nur eine Phase — feste Lösung von α- und β-Eisen — besteht. Die Ansichten der Literatur decken sich in diesem Punkte vollkommen, nur über die Größe der Hysteresis gehen die Angaben auseinander. Ruer und Goerens[13] geben die Umwandlungstemperatur A_3 zu 906° an. Burgess und Crowe fanden für Ac_3 909 ± 1°, für Ar_3 898 ± 2°. Die Hysteresis beträgt demnach 11°. In vorliegender Arbeit ist Ac_3 zu 919 ± 1°, Ar_3 zu 911 ± 1° bestimmt worden, woraus sich für die Hysteresis 8° ergibt. Da bei den Versuchen, wie oben angeführt, die Temperaturkonstanz so weit ausgedehnt wurde, bis eine noch längere Dauer die Grenztemperatur nicht mehr beeinflußte, dürfte ihre Lage mit hinlänglicher Genauigkeit festgelegt sein, um für die Hysteresis einen Wert von 8° anzunehmen.

Die mittlere spezifische Wärme steigt von 785° bis A_3 sehr langsam an, oberhalb von A_3 nimmt sie deutlich ab, sie erfährt also in A_3 eine Richtungsänderung. Auch die Größe für die wahre spezifische Wärme ist vor und nach der Umwandlung verschieden, während sie innerhalb des betreffenden Temperaturbereiches konstant bleibt.

Ac_4 ist zu 1404,5 ± 0,5° bestimmt worden. Die Umwandlung geht praktisch nach Form I vor sich. Ruer und Klesper[12] fanden für die Temperatur dieser Umwandlung 1401°; im ungünstigsten Falle liegt also ein Unterschied von 4° vor. Auch bei A_4 erleidet die mittlere spezifische Wärme eine scharfe Richtungsänderung. Vor A_4 mäßig abfallend, steigt sie oberhalb A_4 in etwa gleicher Stärke linear an. Die wahre spezifische Wärme zeigt vor und nach der Umwandlung wiederum erhebliche Unterschiede.

Bei 1528° geht die Schmelzung vor sich. Auch sie bedingt eine Richtungsänderung der mittleren spezifischen Wärme. Diese steigt vor dem Schmelzpunkt langsam linear an und nimmt nachher langsam linear ab. Die Kurven der wahren spezifischen Wärme vor und nach dem Schmelzpunkt zeigen einen wagerechten Verlauf bei verschiedenen Ordinaten.

Nach dieser qualitativen Betrachtung der Allotropie des Eisens sei im folgenden auf die quantitative eingegangen. Die Berechnungsweise der Wärmetönungen wurde schon oben angegeben. In nachstehender Zahlentafel sind die in der Literatur vorhandenen Werte für die Wärmetönungen bei den Umwandlungen mit den durch vorliegende Arbeit ermittelten Werten zusammengestellt.

Name des Beobachters	A_2	A_3	A_4
Osmond[14]	1,3	3,8	
Stansfield[15]	1,0	2,86	
Pionchon[5]	5,3		
Meuthen[3]	5,6	5 bis 6	
Wüst, Meuthen, Durrer	6,56	6,67	1,94

Die Zahlen geben die Größe der betreffenden Wärmetönung in cal/g, bezogen auf reines Eisen an.

Die Angaben über die Schmelzwärme finden sich in folgender Zahlentafel.

Zahlenwerte für die Schmelzwärmen technischer Eisensorten
und ihren Wärmeinhalt im flüssigen Zustande.

Beobachter	Bezeichnung	Kohlenstoff vH	Schmelzwärme cal/g	Wärmeinhalt des geschmolzenen Metalles cal/g
Gruner[16]	weißes Roheisen	nicht angegeben	32 bis 34	—
»	graues Roheisen	»	23	—
Wüst und Laval[17]	Roheisen	3,4	—	277
Springorum[18]	»	3,3	—	246 bei 1203º
»	Stahl	0,08	—	354 bei 1580º
Schmidt[19]	weißes Roheisen	4,35	59	—
Gillhausen[20]	Hämatit-Roheisen	4,3	—	287
»	Thomas-Roheisen	3,2	—	258

Die in der vorliegenden Arbeit gefundenen Werte der Umwandlungswärme für A_2 und A_3 weichen also von den von Osmond und Stansfield ermittelten erheblich ab, während sie mit denen von Pionchon und Meuthen der Größenordnung nach übereinstimmen. Ueber die Wärmetönung bei A_4 und beim Schmelzpunkt des reinen Eisens gibt die Literatur keine Werte an. Von besonderer Bedeutung sowohl in praktischer wie in theoretischer Beziehung ist die Bestimmung der Schmelzwärme des Eisens, die zu 49,35 cal/g, bezogen auf reines Eisen, ermittelt wurde.

In der folgenden Zahlentafel sind die hauptsächlichsten Werte der Literatur über die Wärmeinhalte von Eisen zwischen 0 und 700º mit den entsprechenden der vorliegenden Untersuchung zusammengestellt; die mitgeteilten Zahlen stellen die Wärmeinhalte in cal/g dar. Den Vergleich auf höhere Temperaturen auszudehnen, ist nicht angängig, da, wie aus der Zahlentafel zu ersehen ist, das von den anderen Forschern untersuchte Eisen stets gewisse Mengen Kohlenstoff enthält, wodurch die oberhalb 700º ermittelten Wärmeinhalte infolge der bei dieser Temperatur vor sich gehenden Perlitumwandlung je nach der Höhe des Kohlenstoffgehaltes mehr oder weniger beeinflußt sind.

Temperatur ºC	Pionchon[5] 0,10 vH C berichtigt von		Harker[22] 0,10 vH C	Weiß und Beck[21] Hufnageleisen	Oberhoffer[1] 0,06 vH C	Wüst, Meuthen, Durrer 0,00 vH C
	Weiß und Beck[21]	Harker[22]				
100	11,1			11,2		11,11
200	23,0	23,5	23,5	23,2		23,36
300	35,9	36,8	37,0	36,0	36,0	36,75
400	49,6	51,6	51,3	50,0	52,1	51,27
500	64,8	66,0	66,9	65,0	67,9	66,94
600	81,0	83,2	83,8	81,0	85,6	83,74
700	100,0	102,2		100,5		101,67

Die in der Zahlentafel angegebenen Werte sind aus den betreffenden Arbeiten durch Extrapolation gefunden worden, soweit sie nicht schon für die in Betracht kommenden Temperaturen berechnet waren.

Die zweite und dritte Spalte enthält die Werte von Pionchon in der von Weiß und Beck sowie von Harker berichtigten Form. Die von Weiß und Beck berichtigten Wärmeinhalte, die sich von denen dieser Forscher kaum unterscheiden, liegen durchweg etwas tiefer als die der vorliegenden Arbeit, während die von Harker berichtigten, die mit den von Harker selbst bestimmten fast genau übereinstimmen, gegenüber denen der vorliegenden Arbeit keinen nennenswerten Unterschied aufweisen. Die Werte Oberhoffers steigen mit der Temperatur etwas schneller an als die der vorliegenden Arbeit; bei tiefen Temperaturen ist ziemlich gute Uebereinstimmung vorhanden.

3) Chrom, Molybdän, Wolfram und Platin.

Die Literatur über die spezifischen Wärmen der Metalle Chrom, Molybdän, Wolfram und Platin ist in den Zahlentafeln 6, 9, 12 und 15 zusammengestellt.

Der Schmelzpunkt von Chrom liegt nach den übereinstimmenden Versuchen von Williams[23] und Voß[24] bei 1553°. Ueber die Schmelzpunkte von Molybdän und Wolfram gehen die Angaben auseinander, jedenfalls liegen sie aber oberhalb 2000°. Platin schmilzt bei etwa 1750°. Außer für Chrom liegen die Schmelzpunkte der übrigen Metalle oberhalb 1600°, also außerhalb des untersuchten Temperaturbereiches. Die Metalle dieser Gruppe wurden bis 1500° untersucht.

Ueber die Schmelzwärmen dieser Metalle findet sich in der Literatur nur eine Angabe für Platin[32], die zu 27,18 cal/g mitgeteilt wird. Allotrope Umwandlungen sind nicht beobachtet worden.

Die vier Metalle wurden als reinste Stoffe von Kahlbaum, Berlin, bezogen.

Die Versuchsergebnisse sind in den Zahlentafeln 6 bis 17 zusammengestellt und in den Abb. 11 bis 22 zeichnerisch aufgetragen.

Chrom. (Zahlentafel 6 bis 8, Abb. 11 bis 13.)

Vergleicht man die Daten der Literatur über die spezifische Wärme von Chrom mit den eigenen Angaben, so fällt zunächst der um etwa 14 vH höhere Wert von Mache[25] für die spezifische Wärme zwischen 0 und 1000° auf. Schimpff[27] weist auf die auffallende Höhe dieses Wertes hin und führt sie auf Versuchsfehler zurück. Die Unterschiede zwischen den Angaben von Nordmeyer und Bernoulli[26] und den eigenen betragen bis 400° im äußersten Falle + 3,3 vH, während die Abweichung bei 500° plötzlich auf etwa 11 vH steigt. Die Werte von Schübel[28] liegen zum Teil höher, zum Teil tiefer als die eigenen; bei 500°

Zahlentafel 6. Chrom.

Temperatur °C	spezifische Wärme	Beobachter
0—100	0,1208	Mache[25] 1897
0	0,10394	Nordmeyer und Bernoulli[26] 1907
100	0,11211	»
200	0,11758	»
300	0,12360	»
400	0,13343	»
500	0,15030	»
17—100	0,1102	Schimpff[27] 1910
50	0,1080	Schübel[28] 1914
100	0,1160	»
200	0,1200	»
300	0,1211	»
400	0,1250	»
500	0,1340	»
600	0,1500	»
18—100	0,1110	»
18—200	0,1150	»
18—300	0,1172	»
18—400	0,1183	»
18—500	0,1202	»

Zahlentafel 7. Chrom.

Temperatur °C	Wärmeinhalt cal/g beobachtet	Wärmeinhalt cal/g berechnet	Unterschied cal/g	Unterschied vH	Temperatur °C	Wärmeinhalt cal/g beobachtet	Wärmeinhalt cal/g berechnet	Unterschied cal/g	Unterschied vH
100	10,87	10,57	+0,30	+2,75	900	118,53	119,21	−0,68	−0,37
200	21,59	21,80	−0,21	−0,97	1000	135,64	135,80	−0,16	−0,12
300	34,14	33,71	+0,43	+1,26	1100	153,41	153,06	+0,35	+0,23
400	46,61	46,29	+0,32	+0,69	1200	171,28	170,99	+0,29	+0,17
500	59,40	59,53	−0,13	−0,22	1300	189,16	189,59	−0,43	−0,23
600	72,98	73,45	−0,47	−0,65	1400	208,64	208,86	−0,22	−0,11
700	87,92	88,03	−0,11	−0,13	1500	229,05	228,80	+0,85	+0,37
800	103,17	103,28	−0,11	−0,10					

Zahlentafel 8. Chrom.

Temperatur °C	mittlere spezifische Wärme	wahre spezifische Wärme	Temperatur °C	mittlere spezifische Wärme	wahre spezifische Wärme
0		0,1023	800	0,1291	0,1559
100	0,1057	0,1090	900	0,1324	0,1626
200	0,1090	0,1157	1000	0,1358	0,1693
300	0,1124	0,1224	1100	0,1392	0,1760
400	0,1157	0,1291	1200	0,1425	0,1827
500	0,1191	0,1358	1300	0,1458	0,1894
600	0,1224	0,1425	1400	0,1492	0,1960
700	0,1258	0,1492	1500	0,1525	0,2027

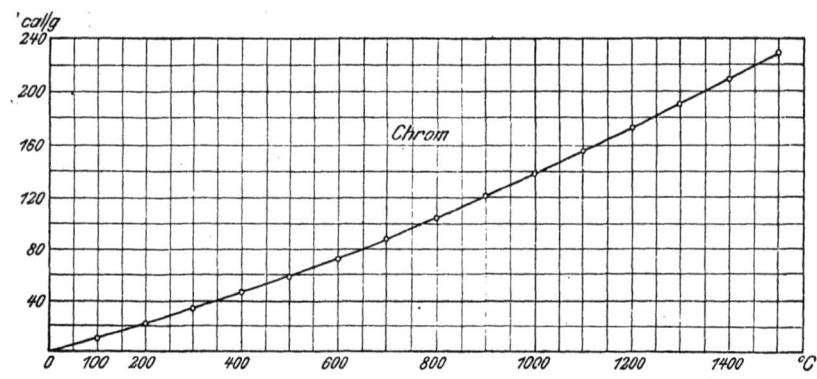

Abb. 11. Wärmeinhalt.

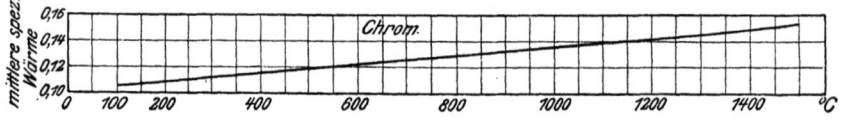

Abb. 12. mittlere spez. Wärme.

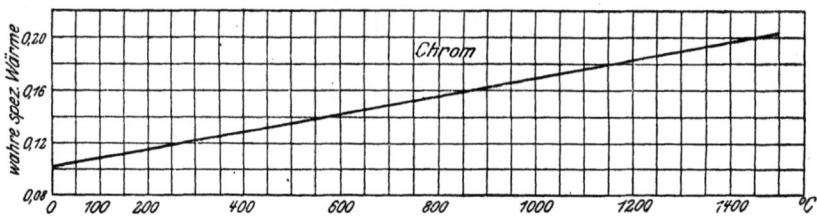

Abb. 13. wahre spez. Wärme.

besteht im Gegensatz zu der erwähnten Abweichung von etwa 11 vH eine gute Uebereinstimmung. Der Wert von Schimpff[27] für die spezifische Wärme zwischen 17 und 100° liegt etwas höher als der eigene.

Die zur Bestimmung der Schmelzwärme von Chrom erforderlichen Versuche konnten nicht zu Ende geführt werden; immerhin erlauben die ermittelten Werte, die Schmelzwärme der Größenordnung nach anzugeben; sie beträgt etwa 32 cal/g.

Molybdän. (Zahlentafel 9 bis 11, Abb. 14 bis 16.)

Für Molybdän liegen in der Literatur (Zahlentafel 9) keine systematischen Untersuchungen vor. Die Angabe von Stücker[30] liefert eine Abweichung von etwa 3 vH; die Werte von Defacqz und Guichard[29] zeigen gegenüber den eigenen noch größere Unterschiede.

Zahlentafel 9. Molybdän.

Temperatur °C	spezifische Wärme	Beobachter
15— 91	0,0723	Defacqz und Guichard[29] 1901
15—440	0,0740	»
20—100	0,06468	Stücker[30] 1905
20—550	0,07219	»

Zahlentafel 10. Molybdän.

Temperatur °C	Wärmeinhalt cal/g beobachtet	Wärmeinhalt cal/g berechnet	Unterschied cal/g	Unterschied vH	Temperatur °C	Wärmeinhalt cal/g beobachtet	Wärmeinhalt cal/g berechnet	Unterschied cal/g	Unterschied vH
100	6,47	6,27	+0,20	+3,09	900	64,45	64,36	+0,09	+0,14
200	12,67	12,76	—0,09	—0,71	1000	72,54	72,61	—0,07	—0,10
300	19,31	19,48	—0,17	—0,88	1100	81,01	81,08	—0,07	—0,09
400	26,35	26,41	—0,06	—0,23	1200	89,69	89,77	—0,08	—0,09
500	33,77	33,56	+0,21	+0,62	1300	98,83	98,69	+0,14	+0,14
600	40,99	40,93	+0,06	+0,15	1400	108,02	107,81	+0,21	+0,19
700	48,39	48,51	—0,12	—0,25	1500	117,01	117,16	—0,15	—0,13
800	56,28	56,34	—0,06	—0,11					

Zahlentafel 11. Molybdän.

Temperatur °C	mittlere spezifische Wärme	wahre spezifische Wärme	Temperatur °C	mittlere spezifische Wärme	wahre spezifische Wärme
0		0,0616	800	0,0704	0,0792
100	0,0627	0,0638	900	0,0715	0,0814
200	0,0638	0,0660	1000	0,0726	0,0836
300	0,0649	0,0682	1100	0,0737	0,0858
400	0,0660	0,0704	1200	0,0748	0,0880
500	0,0671	0,0726	1300	0,0759	0,0902
600	0,0682	0,0748	1400	0,0770	0,0924
700	0,0693	0,0770	1500	0,0781	0,0946

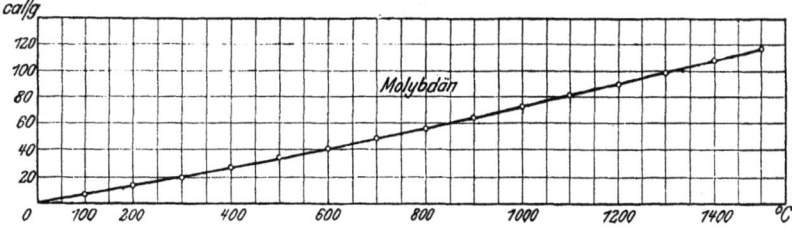

Abb. 14. Wärmeinhalt.

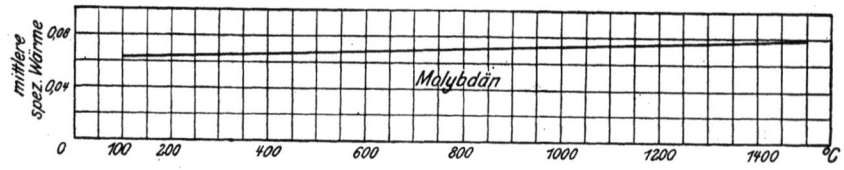

Abb. 15. mittlere spez. Wärme.

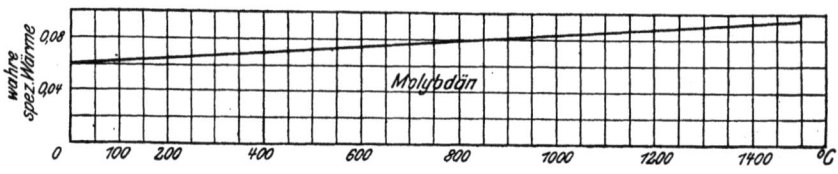

Abb. 16. wahre spez. Wärme.

Wolfram. (Zahlentafel 12 bis 14, Abb. 17 bis 19.)

Auch für Wolfram weist die Literatur (Zahlentafel 10) nur Angaben über Einzelbestimmungen auf. Die mittleren spezifischen Wärmen zwischen Zimmertemperatur und 100° stimmen gut mit der in vorliegender Arbeit gefundenen überein, während bei höheren Temperaturen die der Literatur schneller anwachsen.

Zahlentafel 12. Wolfram.

Temperatur °C	spezifische Wärme	Beobachter
20—100	0,03380	Grodspeed und Smith[31]) 1895
15— 93	0,0340	Defacqz und Guichard[29]) 1901
15—258	0,0366	»
15—423	0,0375	»

Zahlentafel 13. Wolfram.

Temperatur °C	Wärmeinhalt cal/g beobachtet	Wärmeinhalt cal/g berechnet	Unterschied cal/g	Unterschied vH	Temperatur °C	Wärmeinhalt cal/g beobachtet	Wärmeinhalt cal/g berechnet	Unterschied cal/g	Unterschied vH
100	3,41	3,34	+0,07	+2,06	900	30,85	30,79	+0,06	+0,19
200	6,71	6,69	+0,02	+0,30	1000	34,34	34,32	+0,02	+0,06
300	10,21	10,07	+0,14	+1,37	1100	37,95	37,87	+0,08	+0,21
400	13,35	13,47	—0,12	—0,90	1200	41,39	41,44	—0,05	—0,12
500	16,81	16,89	—0,08	—0,48	1300	44,96	45,03	—0,07	—0,16
600	20,27	20,34	—0,07	—0,34	1400	48,53	48,65	—0,12	—0,25
700	23,91	23,80	+0,11	+0,46	1500	52,45	52,28	+0,17	+0,32
800	27,13	27,26	—0,13	—0,48					

Zahlentafel 14. Wolfram.

Temperatur °C	mittlere spezifische Wärme	wahre spezifische Wärme	Temperatur °C	mittlere spezifische Wärme	wahre spezifische Wärme
0		0,0333	800	0,0341	0,0349
100	0,0334	0,0335	900	0,0342	0,0352
200	0,0335	0,0337	1000	0,0343	0,0354
300	0,0336	0,0339	1100	0,0344	0,0356
400	0,0337	0,0441	1200	0,0345	0,0358
500	0,0338	0,0343	1300	0,0346	0,0360
600	0,0339	0,0345	1400	0,0347	0,0362
700	0,0340	0,0348	1500	0,0349	0,0365

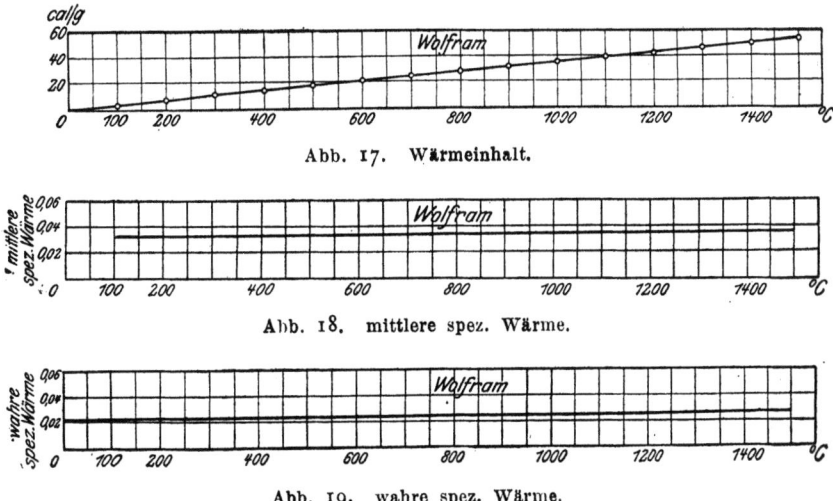

Abb. 17. Wärmeinhalt.

Abb. 18. mittlere spez. Wärme.

Abb. 19. wahre spez. Wärme.

Platin. (Zahlentafel 15 bis 17, Abb. 20 bis 22.)

Bei Platin ist die Literatur (Zahlentafel 15) umfangreicher. Die Werte von Jaeger und Diesselhorst[33]) sind wenig höher als die eigenen. Die Angabe von Gaede[34]) für die spezifische Wärme zwischen 17 und 92° stimmt vollständig

Zahlentafel 15. Platin.

Temperatur °C	spezifische Wärme	Beobachter
0—100	0,0323	Violle[32]) 1877
0—500	0,0347	»
0—1000	0,0377	»
0—1200	0,0389	»
100	0,0329	»
500	0,0377	»
1000	0,0433	»
1200	0,0461	»
18	0,03203	Jaeger und Diesselhorst[33]) 1900
100	0,03322	
17—92	0,03165	Gaede[34]) 1902
227	0,0344	Tilden[35]) 1903
727	0,0409	»
927	0,0432	»
1227	0,0461	»
0—10	0,03073	Schlett[36]) 1907
0—100	0,03200	»
0—300	0,03277	»

Zahlentafel 16. Platin.

Temperatur °C	Wärmeinhalt cal/g		Unterschied		Temperatur °C	Wärmeinhalt cal/g		Unterschied	
	beobachtet	berechnet	cal/g	vH		beobachtet	berechnet	cal/g	vH
100	3,21	3,16	+0,05	+1,56	900	31,04	30,96	+0,08	+0,26
200	6,34	6,38	—0,04	—0,63	1000	34,68	34,75	—0,07	—0,20
300	9,69	9,68	+0,01	+0,10	1100	38,57	38,61	—0,04	—0,10
400	13,02	13,05	—0,03	—0,23	1200	42,32	42,55	—0,23	—0,54
500	16,48	16,49	—0,01	—0,06	1300	46,71	46,56	+0,15	+0,32
600	20,01	20,00	+0,01	+0,05	1400	50,32	50,63	—0,31	—0,62
700	23,47	23,58	—0,11	—0,48	1500	55,22	54,78	+0,44	+0,80
800	27,36	27,23	+0,13	+0,48					

Zahlentafel 17. Platin.

Temperatur °C	mittlere spezifische Wärme	wahre spezifische Wärme	Temperatur °C	mittlere spezifische Wärme	wahre spezifische Wärme
0		0,0312	800	0,0340	0,0369
100	0,0316	0,0319	900	0,0344	0,0376
200	0,0319	0,0326	1000	0,0348	0,0383
300	0,0323	0,0333	1100	0,0351	0,0390
400	0,0326	0,0340	1200	0,0355	0,0397
500	0,0329	0,0348	1300	0,0358	0,0404
600	0,0333	0,0355	1400	0,0362	0,0411
700	0,0337	0,0362	1500	0,0365	0,0418

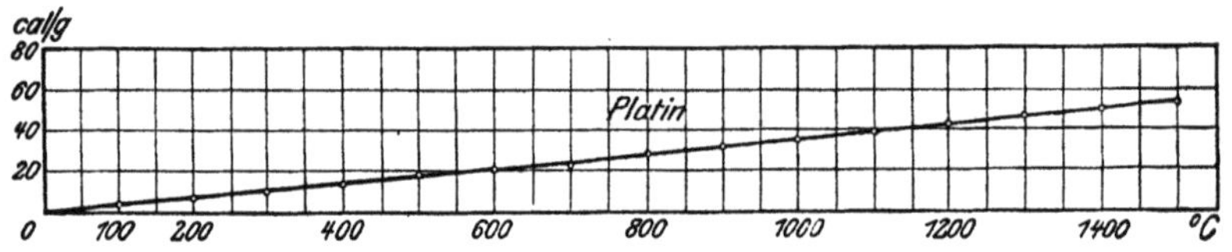

Abb. 20. Wärmeinhalt.

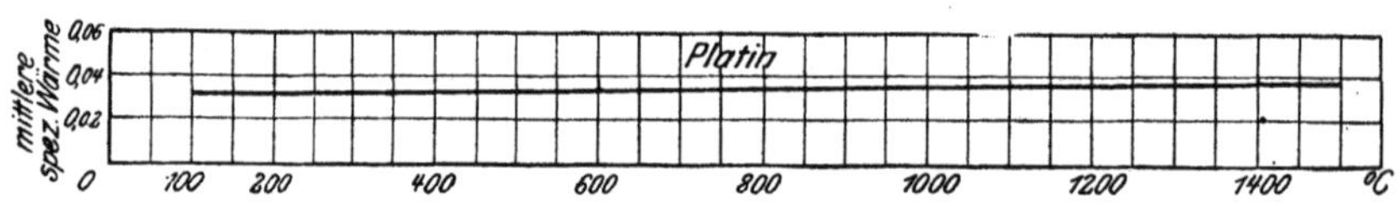

Abb. 21. mittlere spez. Wärme.

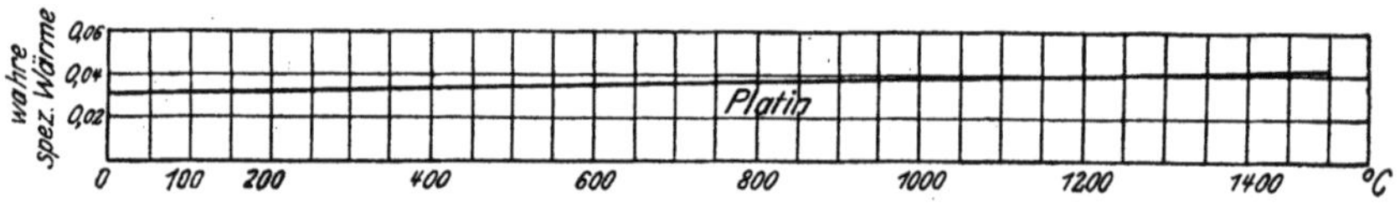

Abb. 22. wahre spez. Wärme.

mit der hier gefundenen mittleren spezifischen Wärme bei 100° überein. Auch die Werte von Schlett[36]) ergeben eine gute Uebereinstimmung mit den eigenen, während die von Violle[32]) wenig, die von Tilden[35]) beträchtlich höher liegen.

Bemerkenswert ist, daß für Platin die Literatur Angaben bis zu 1200° enthält.

4) Zinn, Wismut, Kadmium, Blei, Zink, Antimon, Aluminium, Silber, Gold und Kupfer.

Auf die Metalle, deren Temperatur-Wärmeinhaltskurve einen ununterbrochenen, stetigen Linienzug darstellt, folgen die Metalle, deren Schmelzpunkt innerhalb des untersuchten Temperaturbereiches liegt, ohne daß weitere Umwandlungen festgestellt werden konnten. Die Temperatur-Wärmeinhaltskurve dieser Metalle erfährt also in ihrem Verlauf bei der Temperatur des Schmelzpunktes eine einmalige Unterbrechung durch eine als »Unstetigkeit« gekennzeichnete Unregelmäßigkeit. Zu dieser Gruppe gehören die Metalle Zinn, Wismut, Kadmium, Blei, Zink, Antimon, Aluminium, Silber, Gold und Kupfer.

Die Literatur über die spezifische Wärme dieser Metalle ist in den Zahlentafeln 18, 21, 24, 27, 30, 33, 36, 39, 42 und 45 angegeben.

Die bei der Berechnung der Schmelzwärmen angenommenen Schmelzpunkte sind in der folgenden Zahlentafel zusammengestellt; daneben finden sich Angaben über Siedepunkte bei Atmosphärendruck und im luftleeren Raume.

Metall	Schmelzpunkt °C	Siedepunkt im luftleeren Raum °C	Siedepunkt bei Atmosphärendruck °C
Zinn	232	1970 (101 mm)	2270
Wismut	270	1000	1420
Kadmium	321	435	778
Blei	327	1140	1550
Zink	419	640	920
Antimon	630	735	1440
Aluminium	657	—	1800
Silber	961	1660 (103 mm)	1955
Gold	1064	—	2200
Kupfer	1084	1980 (100 mm)	2310

Die Metalle Zinn, Wismut, Kadmium, Blei, Zink, Antimon und Aluminium wurden wegen ihres verhältnismäßig niedrigen Schmelzpunktes nur bis 1000° untersucht, während bei den Metallen Silber, Gold und Kupfer die Untersuchungen bis 1300° ausgedehnt wurden.

Der Siedepunkt der Metalle Kadmium und Zink befindet sich bei Atmosphärendruck innerhalb des untersuchten Temperaturbereiches; doch ergab sich aus diesem Umstande keine Störung der Versuche, da bei den verhältnismäßig hohen Drücken, die ein Quarzhohlkörperchen aushalten kann, die Siedepunkte oberhalb 1000° liegen.

Sämtliche Metalle wurden als reinste Stoffe von Kahlbaum, Berlin, bezogen.

Die Ergebnisse sind in den Zahlentafeln 18 bis 47 zusammengestellt und in den Abb. 23 bis 52 zeichnerisch aufgetragen.

Zinn. (Zahlentafel 18 bis 20, Abb. 23 bis 25.)

Die Wärmeinhaltskurve von Zinn wurde unterhalb des Schmelzpunktes wegen ihrer geringen Ausdehnung als Gerade berechnet. Die Abweichungen zwischen den aus den Wärmeinhalten berechneten spezifischen Wärmen und den Angaben der Literatur (Zahlentafel 18) sind sehr stark; die eigenen Werte liegen durchweg bedeutend höher als die der Literatur. Nur der von Glaser[44]) für die spezifische Wärme zwischen 18 und 260° mitgeteilte Wert stimmt verhältnismäßig gut mit dem hier gefundenen überein.

Die Schmelzwärme von Zinn beträgt 13,79 cal/g. Die in der Literatur gefundenen Werte für die Schmelzwärme von Zinn sind in der folgenden Zahlentafel wiedergegeben.

Schmelzwärme von Zinn.

Beobachter	Temperatur der Schmelze °C	Schmelzwärme cal/g
Rudberg[47])	228	13,314
Person[48])	232,7	14,252
Spring[46])	227,3	14,65
Piouchon[5])		14,6
Mazzotto[49])		13,6
Robertson[50])		14,05
Glaser[44])		13,62
Guinchant[51])		14,3

Zahlentafel 18. Zinn.

Temperatur °C	spezifische Wärme	Beobachter
15—100	0,05445	Bède[37]) 1855
16—213	0,05832	»
0—100	0,0548	Kopp[28]) 1864/65
0—100	0,0545	Bunsen[39]) 1870
0—100	0,0559	»
0—100	0,0555	Lorenz[40]) 1881
0	0,05360	»
100	0,05731	»
21—109	0,05506	Spring[41]) 1886
16—197	0,05876	»
250	0,05799	Pionchon[5]) 1886/87
1100	0,0758	»
18—99	0,05515	Voigt[42]) 1893
18	0,0524	Jaeger und Diesselhorst[33]) 1900
100	0,0564	»
0	0,0528	Behn[43]) 1900
18—100	0,055	»
16,8	0,053978	Gaede[34]) 1902/03
92,1	0,056235	»
15—100	0,0557	Tilden[35]) 1903
15—180	0,0557	»
18—102	0,0552	Glaser[44]) 1904
18—165,9	0,0563	»
18—260	0,11495	»
0	0,05300	Schimpff[27]) 1910
50	0,0554	»
17—100	0,0556	»
0	0,05363	Griffiths[45]) 1913
100	0,05698	»
50	0,0554	Schübel[28]) 1914
100	0,0573	»
18—100	0,0556	»
18—200	0,0582	»
0—55	0,0541	Ewald[46]) 1914

Zahlentafel 19. Zinn.

Temperatur °C	Wärmeinhalt cal/g beobachtet	Wärmeinhalt cal/g berechnet	Unterschied cal/g	Unterschied vH	Temperatur °C	Wärmeinhalt cal/g beobachtet	Wärmeinhalt cal/g berechnet	Unterschied cal/g	Unterschied vH
100	6,14	6,83	—0,69	—11,23	300	33,49	33,74	—0,25	—0,75
140	9,89	9,56	+0,33	+ 3,30	350	36,59	36,65	—0,06	—0,16
175	12,29	11,95	+0,34	+ 2,77	400	39,39	39,48	—0,09	—0,23
200	13,14	13,66	—0,52	— 3,96	500	44,95	44,85	+0,10	+0,22
220	15,33	15,02	+0,31	+ 2,02	600	49,70	49,85	—0,15	—0,30
232		15,84			700	54,77	54,49	+0,28	+0,51
232		29,63			800	58,78	58,76	+0,02	+0,03
240	29,89	30,12	—0,23	— 0,77	900	62,43	62,66	—0,23	—0,37
250	31,24	30,74	+0,50	+ 1,60	1000	66,28	66,20	+0,08	+0,12

Zahlentafel 20. Zinn.

Temperatur °C	mittlere spezifische Wärme	wahre spezifische Wärme	Temperatur °C	mittlere spezifische Wärme	wahre spezifische Wärme
0		0,0683	500	0,0897	0,0519
100	0,0683	0,0683	600	0,0831	0,0482
200	0,0683	0,0683	700	0,0793	0,0446
232	0,0683	0,0683	800	0,0735	0,0409
232	0,1277	0,0620	900	0,0696	0,0373
300	0,1125	0,0592	1000	0,0662	0,0336
400	0,0987	0,0556			

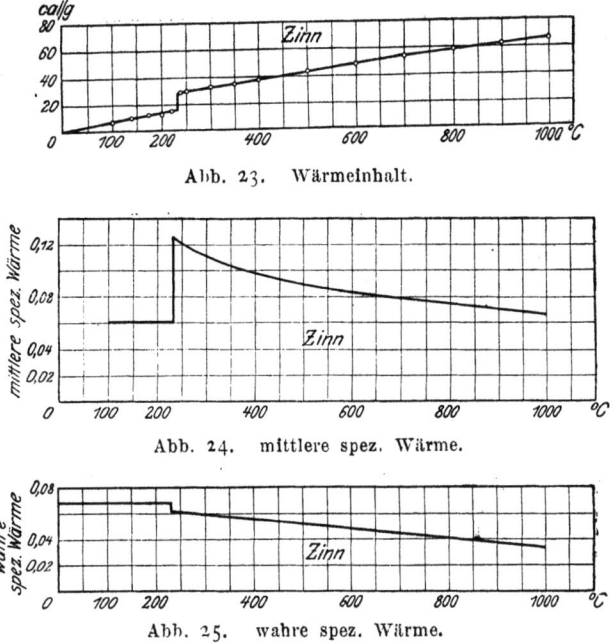

Abb. 23. Wärmeinhalt.

Abb. 24. mittlere spez. Wärme.

Abb. 25. wahre spez. Wärme.

Die durch vorliegende Untersuchung ermittelte Schmelzwärme zeigt sowohl mit den Einzelbestimmungen wie besonders mit dem 14,05 cal/g betragenden Mittelwert eine gute Uebereinstimmung.

Eine allotrope Umwandlung kann durch den Verlauf der Wärmeinhaltskurve nicht nachgewiesen werden. Mit Sicherheit sind bisher zwei Umwandlungen von Zinn festgestellt worden: Die Umwandlung von grauem Zinn in weißes (tetragonales) Zinn bei 18° von Cohen[52]) und die Umwandlung von weißem (tetragonalem) Zinn in rhombisches Zinn bei 161° von Degens[53]). Smits und de Leeuw[54]) fanden den letzteren Umwandlungspunkt bei 202,8°; sie führen die viel tiefer gelegene Temperatur von Degens auf Verunreinigung durch verdampftes Quecksilber zurück, da schon 0,2 vH eine Erniedrigung der Umwandlungstemperatur von mehr als 40° hervorrufen. Die Versuche von Jänecke[55]) bestätigen die von Cohen gefundene Umwandlung: graues Zinn ⇌ weißes Zinn und die von Smits und de Leeuw gefundene Umwandlung: weißes (tetragonales) Zinn ⇌ rhombisches Zinn.

Werner[56]) gibt die Wärmemenge, die bei der Umwandlung von rhombischem Zinn in tetragonales frei wird, zu 0,02 ± 0,002 cal/g an. Bezüglich des von Werner gezeichneten Zustandsdiagramms vergleiche man die erwähnte Arbeit von Jänecke.

Die Wärmetönung beim Uebergang von grauem Zinn in weißes beträgt nach Brönsted[57]) bei 0° 4,47 cal/g.

Die von Haßlinger (vergl. Cohen[52])) angegebene »neue Form von Zinnpest« besteht nach Cohen in einer Rekristallisation mechanisch bearbeiteten Zinns und hat mit einer Umwandlung nichts zu tun. Cohen nennt diese Erscheinung »Forcierkrankheit«.

Wismut. (Zahlentafel 21 bis 23, Abb. 26 bis 28.)

Die Literaturangaben für die spezifische Wärme von Wismut (Zahlentafel 21) sind durchweg etwas niedriger als die hier gefundenen. Der Wert von

Zahlentafel 21. Wismut.

Temperatur °C	spezifische Wärme	Beobachter
18—200	0,0308	Person[48] 1848
280—380	0,0363	»
18—100	0,0289	Bède[37] 1855
18—200	0,0309	»
17—100	0,0304	Voigt[42] 1893
18	0,02916	Jaeger und Diesselhorst[33] 1900
100	0,03028	»
17—100	0,0302	Stücker[30] 1905
17—100	0,03031	Schimpff[27] 1910
50	0,0297	Schübel[28] 1914
100	0,0304	»
200	0,0317	»
18—100	0,0299	»
18—200	0,0305	»
0—55	0,0295	Ewald[46] 1914

Zahlentafel 22. Wismut.

Temperatur °C	Wärmeinhalt cal/g beobachtet	Wärmeinhalt cal/g berechnet	Unterschied cal/g	Unterschied vH	Temperatur °C	Wärmeinhalt cal/g beobachtet	Wärmeinhalt cal/g berechnet	Unterschied cal/g	Unterschied vH
100	3,31	3,19	+0,12	+3,62	300	20,15	20,12	+0,03	+0,14
150	4,91	4,83	+0,08	+1,64	400	23,75	23,60	+0,15	+0,63
200	6,33	6,49	—0,16	—2,53	500	26,97	27,20	—0,23	—0,85
250	8,11	8,19	—0,08	—0,99	600	30,71	30,90	—0,19	—0,62
265	8,72	8,69	+0,03	+0,34	700	34,86	34,71	+0,15	+0,43
270		8,86			800	38,56	38,63	—0,07	—0,18
270		19,09			900	42,61	42,65	—0,04	—0,09
275	19,37	19,26	+0,11	+0,57	1000	46,87	46,79	+0,08	+0,17

Zahlentafel 23. Wismut.

Temperatur °C	mittlere spezifische Wärme	wahre spezifische Wärme	Temperatur °C	mittlere spezifische Wärme	wahre spezifische Wärme
0		0,0314	300	0,0671	0,0345
100	0,0319	0,0325	400	0,0590	0,0354
150	0,0322	0,0330	500	0,0544	0,0365
200	0,0325	0,0335	600	0,0515	0,0376
250	0,0328	0,0340	700	0,0496	0,0386
265	0,0328	0,0342	800	0,0483	0,0397
270	0,0328	0,0342	900	0,0474	0,0408
270	0,0707	0,0340	1000	0,0468	0,0419
275	0,0700	0,0341			

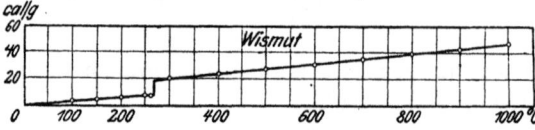

Abb. 26. Wärmeinhalt.

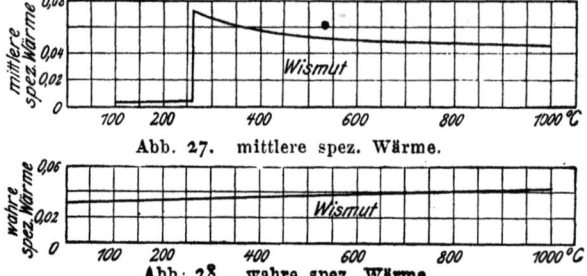

Abb. 27. mittlere spez. Wärme.

Abb. 28. wahre spez. Wärme.

Person[48]) für die spezifische Wärme von flüssigem Wismut zwischen 280 und 380° liegt etwas höher als der entsprechende eigene (0,0363 gegenüber 0,0348).

Die Schmelzwärme beträgt 10,23 cal/g. Person[48]) fand 12,64, Mazzotto[49]) 12,4 cal/g.

Die Wärmeinhaltskurve verläuft, abgesehen von der durch die Schmelzung hervorgerufenen Unregelmäßigkeit, stetig, eine Umwandlung kann demnach nicht nachgewiesen werden.

Cohen und Moesveld[52]) geben einen allotropen Umwandlungspunkt von Wismut bei 75° an, Jänecke[55]) findet ihn zwischen 112 und 135°.

Kadmium. (Zahlentafel 24 bis 26, Abb. 29 bis 31.)

Bei Kadmium ist die Uebereinstimmung zwischen den Literaturangaben, die nur unterhalb der Schmelztemperatur liegen, und den eigenen Werten gut.

Die Schmelzwärme beträgt 10,81 cal/g. Person[48]) fand 13,7 cal/g.

Zahlentafel 24. Kadmium.

Temperatur °C	spezifische Wärme	Beobachter
21	0,0551	Naccari[58]) 1887/88
100	0,0570	»
300	0,0617	»
18–99	0,0549	Voigt[42]) 1893
18	0,05496	Jaeger und Diesselhorst[33]) 1900
100	0,0564	»
0	0,05475	Griffiths[45]) 1913
100	0,05720	»
0–55	0,0542	Ewald[46]) 1914

Zahlentafel 25. Kadmium.

Temperatur °C	Wärmeinhalt cal/g beobachtet	Wärmeinhalt cal/g berechnet	Unterschied cal/g	Unterschied vH	Temperatur °C	Wärmeinhalt cal/g beobachtet	Wärmeinhalt cal/g berechnet	Unterschied cal/g	Unterschied vH
100	5,77	5,61	+0,16	+2,77	325	29,71	29,57	+0,14	+0,47
150	8,35	8,47	−0,12	−1,40	400	35,15	35,13	+0,02	+0,06
200	11,21	11,35	−0,14	−1,25	500	42,41	42,65	−0,24	−0,56
250	14,44	14,27	+0,17	+1,18	600	50,41	50,30	+0,11	+0,22
300	17,33	17,22	+0,11	+0,63	700	58,21	58,08	+0,13	+0,22
320	18,24	18,40	−0,16	−0,87	800	65,71	65,98	−0,27	−0,41
321		18,46			900	74,02	74,03	−0,01	−0,01
321		29,27			1000	82,34	82,19	+0,15	+0,18

Zahlentafel 26. Kadmium.

Temperatur °C	mittlere spezifische Wärme	wahre spezifische Wärme	Temperatur °C	mittlere spezifische Wärme	wahre spezifische Wärme
0		0,0555	325	0,0910	0,0737
100	0,0561	0,0568	400	0,0878	0,0746
150	0,0565	0,0574	500	0,0853	0,0759
200	0,0568	0,0580	600	0,0838	0,0772
250	0,0571	0,0586	700	0,0830	0,0784
300	0,0574	0,0593	800	0,0825	0,0799
320	0,0575	0,0595	900	0,0823	0,0810
321	0,0575	0,0595	1000	0,0822	0,0823
321	0,0912	0,0736			

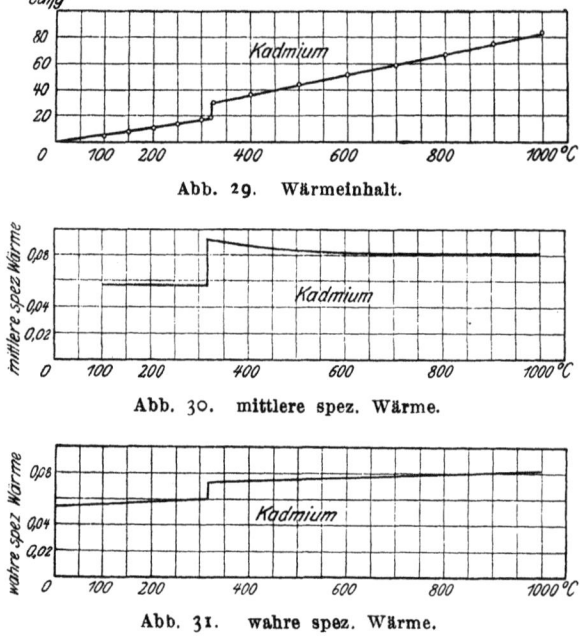

Abb. 29. Wärmeinhalt.

Abb. 30. mittlere spez. Wärme.

Abb. 31. wahre spez. Wärme.

Auch bei Kadmium weist die Wärmeinhaltskurve keinen allotropen Umwandlungspunkt auf.

Untersuchungen von Cohen und Heldermann[52] ergaben einen Umwandlungspunkt von Kadmium in der Nähe von 60°; nach ihnen soll Kadmium in mehr als zwei Modifikationen auftreten. Die Wärmetönung beim Uebergang von α- in γ-Kadmium bei 18° wurde von denselben Forschern zu 6,6 cal/g ermittelt. Die metastabile Umwandlung von α- in γ-Kadmium findet bei 94,8° statt. Jänecke[55] weist eine Umwandlung zwischen 110 und 113° nach.

Blei. (Zahlentafel 27 bis 29, Abb. 32 bis 34).

Die spezifische Wärme von Blei nimmt auch unterhalb des Schmelzpunktes entgegen den Literaturangaben mit der Temperatur, wenn auch nur in geringem Maße, ab. Die Abweichungen der hier gefundenen Werte für festes Blei von den Werten der Literatur, die unter sich auch erhebliche Unterschiede aufweisen, sind im allgemeinen bei tiefen Temperaturen beträchtlicher als bei Temperaturen wenig unterhalb des Schmelzpunktes. Der Wert von Glaser[44] für die spezifische Wärme des flüssigen Bleis stimmt mit dem eigenen gut überein.

Die Schmelzwärme beträgt 5,47 cal/g. In nachstehender Zahlentafel sind die Werte der Literatur für die Schmelzwärme von Blei wiedergegeben, die im Mittel 5,52 cal/g, also eine sehr gute Uebereinstimmung mit dem durch vorliegende Untersuchung ermittelten Wert ergeben.

Schmelzwärme von Blei.

Beobachter	Temperatur der Schmelze °C	Schmelzwärme cal/g
Rudberg[47]	325	5,858
Person[48]	326,2	5,369
Spring[41]	322,4	5,32
Mazzotto[41]		5,37
Robertson[50]		6,45
Glaser[44]		4,780

Zahlentafel 27. Blei.

Temperatur °C	spezifische Wärme	Beobachter
350—450	0,0402	Person[48] 1849
14—108	0,03050	Bède[37] 1855
16—172	0,03170	»
0—100	0,0315	Kopp[38] 1864/65
17—100	0,0310	Lorenz[40] 1881
0	0,03077	»
100	0,03077	»
17—100	0,0306	Spring[41] 1886
16—292	0,03437	»
17—100	0,0309	Joly[4] 1887
15	0,02993	Naccari[58] 1888
100	0,03108	»
200	0,03243	»
300	0,03380	»
15—99	0,03075	»
15—297	0,03191	»
18	0,03083	Jaeger und Diesselhorst[33] 1900
100	0,03155	»
17—100	0,0309	»
0	0,0303	Behn[43] 1900
18—100	0,0310	»
92,0	0,031251	Gaede[34] 1902/03
17—100	0,0310	»
18—198	0,03171	Glaser[44] 1904
18—326	0,03240	»
18—326	0,047063	»
20—100	0,03055	Stücker[30] 1905
20—200	0,03141	»
20—300	0,03289	»
310	0,03674	»
17—100	0,0310	Schimpff[27] 1910
18—100	0,03096	Magnus[59] 1910
16—256	0,03189	»
0	0,03020	Griffiths[45] 1913
100	0,03130	»
18—100	0,0306	Schübel[28] 1914
18—200	0,0317	»
18—300	0,0326	»
50	0,0306	»
100	0,0314	»
200	0,0332	»
300	0,0342	»

Zahlentafel 28. Blei.

Temperatur °C	Wärmeinhalt cal/g beobachtet	berechnet	Unterschied cal/g	vH	Temperatur °C	Wärmeinhalt cal/g beobachtet	berechnet	Unterschied cal/g	vH
100	3,32	3,48	−0,16	−4,83	370	17,38	17,33	+0,05	+0,29
150	4,91	5,13	−0,22	−4,49	400	18,02	18,29	−0,27	−1,50
200	7,07	6,72	+0,35	+4,95	450	19,77	19,89	−0,12	−0,61
240	8,08	8,06	+0,02	+0,25	500	21,45	21,51	−0,06	−0,28
275	8,83	9,00	−0,17	−1,93	600	25,03	24,79	+0,24	+0,96
300	9,81	9,74	+0,07	+0,71	700	28,15	28,14	+0,01	+0,04
320	10,24	10,31	−0,07	−0,68	800	31,43	31,56	−0,13	−0,41
327		10,51			900	35,18	35,05	+0,13	+0,37
327		15,98			1000	38,54	38,57	+0,03	+0,08
340	16,60	16,39	+0,21	+1,27					

Zahlentafel 29. Blei.

Temperatur °C	mittlere spezifische Wärme	wahre spezifische Wärme	Temperatur °C	mittlere spezifische Wärme	wahre spezifische Wärme
0		0,0359	500	0,0430	0,0259
100	0,0348	0,0336	600	0,0413	0,0252
200	0,0336	0,0313	700	0,0402	0,0246
300	0,0325	0,0290	800	0,0394	0,0239
327	0,0322	0,0284	900	0,0389	0,0233
327	0,0489	0,0270	1000	0,0386	0,0226
400	0,0457	0,0266			

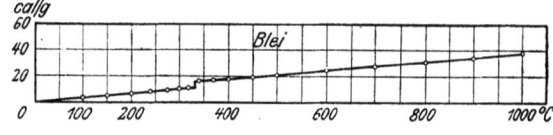

Abb. 32. Wärmeinhalt.

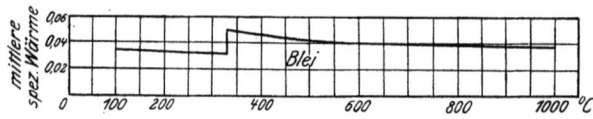

Abb. 33. mittlere spez. Wärme.

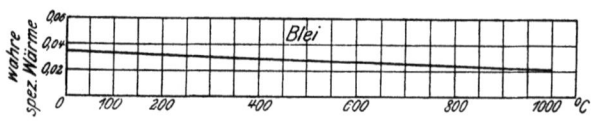

Abb. 34. wahre spez. Wärme.

Eine allotrope Umwandlung kann durch die Temperatur-Wärmeinhaltskurve nicht nachgewiesen werden. Heller[60] fand, daß Blei in einer salpetersauren Bleiacetatlösung nach einiger Zeit zerfällt, ähnlich wie Zinn beim Uebergang von der grauen in die weiße Modifikation. Untersuchungen von Cohen und Heldermann[52] bestätigten diese Erscheinung und ergaben, daß Blei in mehreren Modifikationen auftritt. Nach Jänecke[55] findet eine Umwandlung statt zwischen 59 und 62°, und zwar beim Erwärmen bei der tieferen, beim Abkühlen bei der höheren Temperatur (vergl. auch Antimon).

Zink. (Zahlentafel 30 bis 32, Abb. 35 bis 37.)

Für Zink enthält die Literatur auch nur Angaben bis zur Schmelztemperatur. Schübel[28] hat die spezifische Wärme bis 400° bestimmt. Seine Werte steigen bedeutend langsamer an als die eigenen; dasselbe gilt in verringertem Maße für die Angaben von Naccari[58], während die Werte von Le Verrier[61] ungefähr gleich stark zunehmen wie die hier gefundenen, durchweg aber einen etwas höheren Betrag aufweisen. Die von Glaser[41] gefundene spezifische Wärme zwischen 18 und 415° für festes Zink stimmt sehr gut mit dem Ergebnis der eigenen Untersuchung überein, während der entsprechende Wert für flüssiges Zink bedeutend größer ist (vergl. Schmelzwärme von Zink). Die Werte von Bède[37] steigen ebenfalls etwa gleich rasch an wie die eigenen, doch liegen sie etwas tiefer. Im allgemeinen liegen die Werte der Literatur etwas höher als die eigenen.

Die Schmelzwärme von Zink wurde zu 23,01 cal/g ermittelt. Die diesbezüglichen Literaturangaben sind in der folgenden Zahlentafel enthalten:

Schmelzwärme von Zink.

Beobachter	Temperatur der Schmelze °C	Schmelzwärme cal/g
Person[48]	415,3	28,13
Mazzotto[49]		28,00
Heycock und Neville[62]		28,33
Glaser[44]		29,86

Zahlentafel 30. Zink.

Temperatur °C	spezifische Wärme	Beobachter
16—101	0,09088	Bède[37] 1855
17—213	0,09563	»
0—100	0,0932	Kopp[38] 1864/65
0—99,8	0,0935	Bunsen[39] 1870
17—100	0,0946	Joly[4] 1887
18	0,0915	Naccari[58] 1888
100	0,0951	»
200	0,0996	»
300	0,1040	»
18—99,4	0,09392	»
18—320,3	0,09843	»
0—110	0,096	Le Verrier[61] 1892
110—300	0,105	»
300—400	0,122	»
0	0,0908	Behn[43] 1900
18—100	0,0940	»
17—100	0,0936	Jaeger und Diesselhorst[33] 1900
17,3	0,09222	Gaede[34] 1902/03
92,7	0,09492	»
17—100	0,0940	»
18—415	0,1066	Glaser[44] 1904
18—415	0,17856	»
17—100	0,0934	Schimpff[27] 1910
0	0,09176	Griffiths[45] 1913
100	0,09527	»
50	0,0932	Schübel[28] 1914
100	0,0958	»
200	0,0996	»
300	0,01018	»
400	0,01030	»
18—100	0,0039	»
18—200	0,0964	»
18—300	0,0978	»

Zahlentafel 31. Zink.

Temperatur °C	Wärmeinhalt cal/g beobachtet	Wärmeinhalt cal/g berechnet	Unterschied cal/g	Unterschied vH	Temperatur °C	Wärmeinhalt cal/g beobachtet	Wärmeinhalt cal/g berechnet	Unterschied cal/g	Unterschied vH
100	9,46	9,21	+0,25	+2,64	430	67,93	68,74	—0,81	—1,19
150	14,39	14,14	+0,25	+1,74	450	71,29	71,12	+0,17	+0,24
200	19,65	19,29	+0,36	+1,84	470	73,95	73,50	+0,45	+0,61
250	24,02	24,66	—0,64	—2,68	500	77,00	77,03	—0,03	—0,04
300	30,36	30,24	+0,12	+0,40	550	83,45	82,86	+0,59	+0,77
350	35,55	36,05	—0,50	—1,41	600	88,85	88,61	+0,24	+0,27
380	39,70	39,63	+0,07	+0,18	700	99,16	99,86	—0,70	—0,76
400	41,79	42,07	—0,28	—0,67	800	110,89	110,79	+0,10	+0,09
410	43,91	43,29	+0,62	+1,41	900	121,22	121,40	—0,18	—0,15
419		44,41			1000	131,88	131,69	+0,19	+0,14
419		67,42							

Zahlentafel 32. Zink.

Temperatur °C	mittlere spezifische Wärme	wahre spezifische Wärme	Temperatur °C	mittlere spezifische Wärme	wahre spezifische Wärme
0		0,0878	500	0,1541	0,1173
100	0,0921	0,0965	600	0,1477	0,1141
200	0,0965	0,1052	700	0,1427	0,1109
300	0,1008	0,1139	800	0,1385	0,1076
400	0,1052	0,1226	900	0,1349	0,1044
419	0,1060	0,1242	1000	0,1317	0,1012
419	0,1609	0,1199			

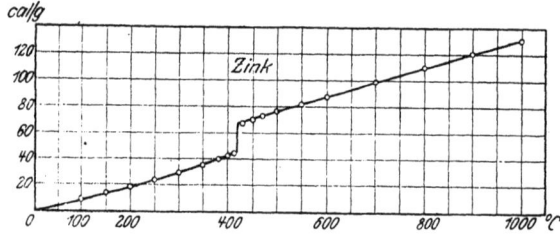

Abb. 35. Wärmeinhalt.

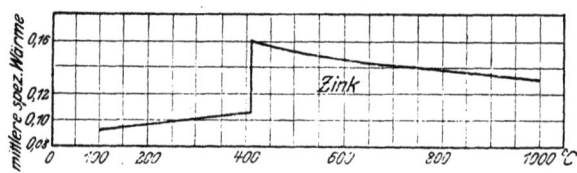

Abb. 36. mittlere spez. Wärme.

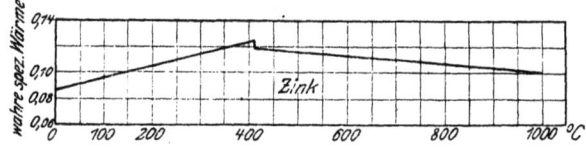

Abb. 37. wahre spez. Wärme.

Der Wert der Literatur für die Schmelzwärme ist also um mindestens 5 cal/g größer als der eigene.

Die Wärmeinhaltskurve von Zink weist außer der Unterbrechung bei der Schmelztemperatur keine Unstetigkeit oder Abweichung auf, die auf eine Umwandlung schließen läßt. Le Chatelier[63] gibt einen Umwandlungspunkt bei etwa 340° an, Mönkemeyer[64] findet ihn bei 321°, Benedicks[10] bei etwa 330°. Der letztere stellt außerdem noch eine zweite Umwandlung bei etwa 170° fest. In einer späteren Arbeit bezweifeln Benedicks und Ragnar Arpi[10], daß Zink in mehreren allotropen Formen auftritt, und führen die früher von Benedicks gefundenen Umwandlungen auf Verunreinigungen zurück (vergl. hierzu Cohen und Helderman[52]).

Werner[56] beobachtete eine Umwandlung bei 304°, bei 170° konnte er eine solche nicht feststellen. Schübel[28] stellte ebenfalls eine Umwandlung bei 320° fest, Jänecke[55] gibt eine solche zwischen 104 und 120° an.

Antimon. (Zahlentafel 33 bis 35, Abb. 38 bis 40.)

Bei Antimon liegen die eigenen Werte für die spezifische Wärme bei den tieferen Temperaturen durchweg etwas höher als die der Literatur (Zahlen-

Zahlentafel 33. Antimon.

Temperatur °C	spezifische Wärme	Beobachter
13—106	0,04861	Bède [37]) 1855
15—175	0,04989	»
12—209	0,05073	»
0—100	0,0523	Kopp [38]) 1864/65
0—100	0,0495	Bunsen [39]) 1870
0—100	0,05120	Lorenz [40]) 1881
0—21	0,0486	Pebal und Jahn [65]) 1886
17—100	0,0503	»
15	0,04890	Naccari [58]) 1888
100	0,05031	»
200	0,05198	»
300	0,05366	»
15—99	0,05004	»
15—172	0,05027	»
15—321	0,05157	»
0	0,0490	Behn [43]) 1900
18—100	0,0500	»
17,1	0,050248	Gaede [34]) 1902/03
92,5	0,051321	»
17—100	0,0508	»
18—99,53	0,04980	John [66]) 1906
18—201,4	0,04994	»
18—302,6	0,05021	»
18—404	0,05034	»
18—500	0,05050	»
18—600	0,05072	»
0	0,0494	Schimpff [27]) 1910
17—100	0,0503	»
0—55	0,0477	Ewald [46]) 1914
50	0,0500	Schübel [28]) 1914
100	0,0509	»
200	0,0523	»
300	0,0537	»
400	0,0556	»
500	0,0592	»
18—100	0,0502	»
18—200	0,0509	»
18—300	0,0516	»
18—400	0,0524	»
18—500	0,0534	»
18—600	0,0561	»

Zahlentafel 34. Antimon.

Temperatur °C	Wärmeinhalt cal/g		Unterschied		Temperatur °C	Wärmeinhalt cal/g		Unterschied	
	beobachtet	berechnet	cal/g	vH		beobachtet	berechnet	cal/g	vH
100	5,54	5,21	+0,33	+5,94	630		33,82		
200	10,22	10,48	—0,26	—2,54	630		72,68		
300	16,44	15,81	+0,63	+3,82	640	73,18	73,22	—0,04	—0,05
400	20,59	21,20	—0,61	—2,96	660	74,00	74,32	—0,32	—0,43
450	23,95	23,91	+0,04	+0,17	700	77,24	76,52	+0,72	+0,93
500	26,31	26,65	—0,34	—1,29	750	79,27	79,28	—0,01	—0,01
550	29,19	29,39	—0,20	—0,68	800	81,39	82,05	—0,66	—0,81
580	31,91	31,05	+0,86	+2,70	850	84,88	84,84	+0,04	+0,05
600	32,25	32,15	+0,10	+0,31	900	88,02	87,65	+0,37	+0,42
620	32,88	33,26	—0,62	—1,89	1000	93,21	93,30	—0,09	—0,10

Zahlentafel 35. Antimon.

Temperatur °C	mittlere spezifische Wärme	wahre spezifische Wärme	Temperatur °C	mittlere spezifische Wärme	wahre spezifische Wärme
0		0,0521	630	0,0537	0,0559
100	0,0521	0,0527	630	0,1154	0,0546
200	0,0524	0,0533	700	0,1093	0,0550
300	0,0527	0,0539	800	0,1026	0,0556
400	0,0530	0,0545	900	0,0974	0,0562
500	0,0533	0,0551	1000	0,0933	0,0568
600	0,0536	0,0557			

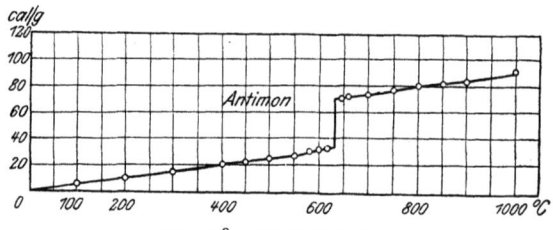

Abb. 38. Wärmeinhalt.

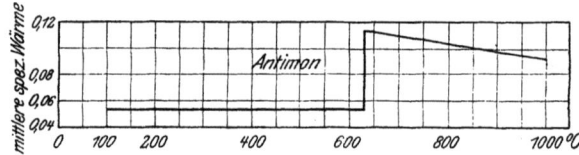

Abb. 39. mittlere spez. Wärme.

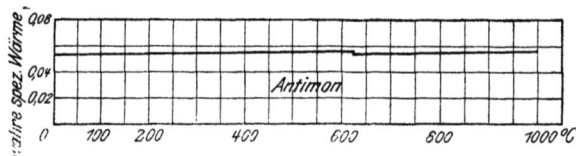

Abb. 40. wahre spez. Wärme.

tafel 33). Für einen Vergleich bei höheren Temperaturen enthält die Literatur mehrere systematische Arbeiten. Naccari[55], der Untersuchungen bis 300° angestellt hat, nähert sich mit steigender Temperatur den eigenen Werten bis auf geringe Abweichungen. John[66] bleibt mit seinen Angaben von 100 bis 600° stets um denselben Betrag von etwa 0,025 cal/g zurück, während Schübels[28] Werte, die bei tieferen Temperaturen gut mit denen von John übereinstimmen, mit steigender Temperatur schneller anwachsen als die eigenen und sie bei den höchsten Temperaturen beträchtlich übersteigen.

Für Temperaturen oberhalb des Schmelzpunktes enthält die Literatur keine Werte über die spezifische Wärme von Antimon.

Die Schmelzwärme von Antimon beträgt 38,86 cal/g; Literaturangaben liegen nicht vor.

Cohen und van den Bosch[52] wiesen nach, daß das metallische Antimon ein metastabiles Gebilde ist, das mehr als zwei allotrope Modifikationen besitzt. Die Verfasser geben einen Umwandlungspunkt bei 101° an. Jänecke[55] findet eine Umwandlung zwischen 124 und 137°. Laschtschenko[9] konnte mittels Abkühlungskurven keine Umwandlung nachweisen.

Aluminium. (Zahlentafel 36 bis 38, Abb. 41 bis 43.)

Ueber Aluminium liegen mehrere systematische Untersuchungen bis zu verhältnismäßig hohen allerdings durchweg unterhalb des Schmelzpunktes liegenden Temperaturen vor. Bis 100° sind die Werte der Literatur (Zahlentafel 36) stets etwas tiefer als die hier gefundenen. Die Werte von Naccari[58]) steigen etwas rascher an als die eigenen, bleiben aber auch bei den höchsten Temperaturen noch um etwa 2 vH unter diesen. Die Angaben von Pionchon[5]) zeigen ebenfalls ein schnelleres Anwachsen, werden bei 300° ungefähr gleich den eigenen Werten und liegen von da bis 600° etwas höher. Dasselbe gilt für die Daten von Bontschew[67]). Auch die Werte von Tilden[35]) und Schübel[28]) nehmen einen steileren Anstieg als die eigenen, bleiben aber auch bei hohen Temperaturen noch etwas niedriger.

Zahlentafel 36. Aluminium.

Temperatur °C	spezifische Wärme	Beobachter
0—100	0,202	Kopp[38]) 1864/65
0	0,2043	Lorenz[40]) 1881
100	0,2168	»
17—100	0,2106	»
20	0,2135	Naccari[58]) 1888
100	0,2211	»
200	0,2306	»
300	0,2401	»
20—99	0,2164	»
20—178	0,2209	»
20—320	0,2279	»
0—94	0,2158	Pionchon[5]) 1892
0—305	0,2326	»
0—406	0,2417	»
0—503	0,2493	»
0—602	0,2606	»
0—300	0,22	Le Verrier[61]) 1892
18—100	0,2145	Voigt[42]) 1893
0	0,20890	Bontschew[67]) 1900
100	0,22261	»
500	0,27392	»
625	0,30772	»
0	0,2075	Behn[43]) 1900
18—100	0,220	»
15—185	0,2189	Tilden[35]) 1903
15—335	0,2247	»
15—435	0,2356	»
18—657	0,2745	Glaser[44]) 1904
18—657	0,3914	»
17—100	0,2173	Schimpff[27]) 1910
16—100	0,2122	Magnus[59]) 1910
16—304	0,2250	»
17—547	0,2389	»
0	0,20957	Griffiths[45]) 1913
100	0,2263	»
50	0,2157	Schübel[28]) 1914
100	0,2230	»
200	0,2340	»
300	0,2420	»
400	0,2480	»
500	0,2540	»
18—100	0,2174	»
18—200	0,2237	»
18—300	0,2290	»
18—400	0,2330	»
18—500	0,2370	»

Zahlentafel 37. Aluminium.

Temperatur °C	Wärmeinhalt cal/g beobachtet	Wärmeinhalt cal/g berechnet	Unterschied cal/g	Unterschied vH	Temperatur °C	Wärmeinhalt cal/g beobachtet	Wärmeinhalt cal/g berechnet	Unterschied cal/g	Unterschied vH
100	20,18	22,59	−2,41	−11,94	657		162,50		
200	46,02	45,94	+0,08	+0,17	657		256,46		
300	71,65	70,07	+1,58	+2,21	675	260,53	260,97	−0,44	−0,17
400	96,62	94,97	+1,65	+1,71	700	267,70	267,27	+0,43	+0,16
450	107,23	107,71	−0,48	−0,45	725	274,44	273,59	+0,85	+0,31
500	119,86	120,64	−0,78	−0,65	750	277,54	279,94	−2,40	−0,86
550	132,15	133,77	−1,62	−1,23	800	295,67	292,74	+2,93	+0,99
575	140,17	140,40	−0,23	−0,16	850	305,08	305,66	−0,58	−0,19
600	147,94	147,09	+0,85	+0,58	900	317,51	318,70	−1,19	−0,37
625	154,25	153,82	+0,43	+0,28	1000	345,54	345,14	+0,40	+0,12

Zahlentafel 38. Aluminium.

Temperatur °C	mittlere spezifische Wärme	wahre spezifische Wärme	Temperatur °C	mittlere spezifische Wärme	wahre spezifische Wärme
0		0,2220	657	0,2473	0,2727
100	0,2259	0,2297	657	0,3904	0,2502
200	0,2297	0,2374	700	0,3818	0,2523
300	0,2336	0,2451	800	0,3659	0,2571
400	0,2374	0,2529	900	0,3541	0,2619
500	0,2413	0,2606	1000	0,3451	0,2667
600	0,2452	0,2683			

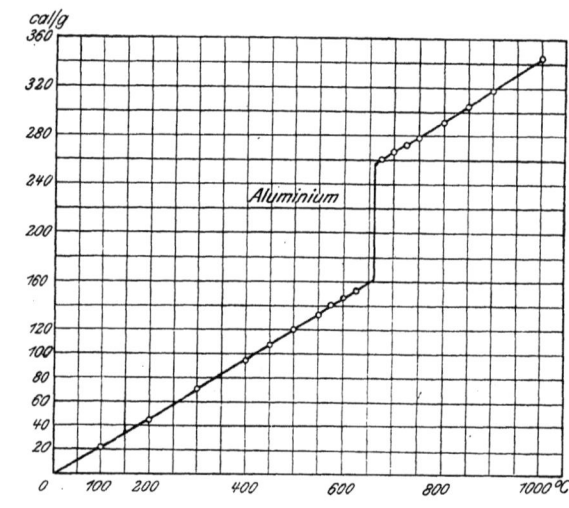

Abb. 41. Wärmeinhalt.

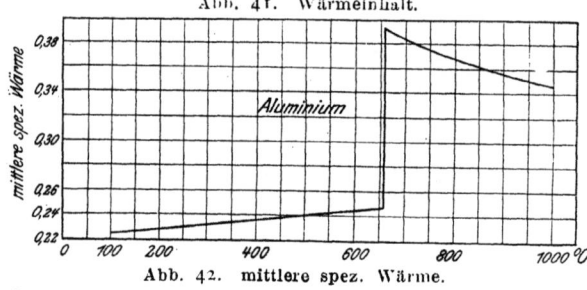

Abb. 42. mittlere spez. Wärme.

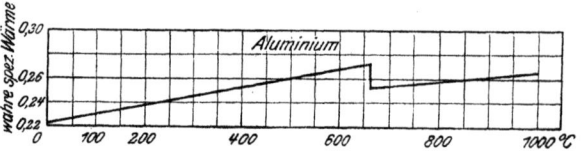

Abb. 43. wahre spez. Wärme.

Die Schmelzwärme von Aluminium ist zu 93,96 cal/g bestimmt worden; Aluminium besitzt also die größte Schmelzwärme der bisher untersuchten Metalle. Pionchon[5]) gibt die Wärmetönung beim Erstarren zu 80, Glaser[44]) zu 76,80 cal/g an.

Die Wärmeinhaltskurve läßt keinen Umwandlungspunkt erkennen. Laschtschenko[9]) findet in der Abkühungskurve von Aluminium einen Knick zwischen 580 und 590°.

Silber. (Zahlentafel 39 bis 41, Abb. 44 bis 46.)

Auch beim Silber liegen die Literaturwerte (Zahlentafel 39) bei tiefen Temperaturen fast durchweg etwas niedriger als die hier gefundenen; der Unter-

Zahlentafel 39. Silber.

Temperatur °C	spezifische Wärme	Beobachter
0—100	0,0560	Kopp[38]) 1864/65
0—100	0,0559	Bunsen[39]) 1870
23	0,05498	Naccari[58]) 1881
100	0,05663	»
200	0,05877	»
300	0,06091	»
23—99,5	0,05618	»
23—178	0,05654	»
23—313,5	0,05812	»
0	0,05758	Pionchon[5]) 1887
900	0,08008	»
0—432,5	0,06055	»
0—513,7	0,06179	»
0—697,3	0,06344	»
0—811,3	0,06531	»
0—905,9	0,06673	»
0—936,7	0,09300	»
0—984,4	0,09242	»
0—1018,9	0,09158	»
0—260	0,0565	Le Verrier[61]) 1892
260—660	0,075	»
660—900	0,066	»
0	0,0552	Behn[43]) 1900
18—100	0,0560	»
227	0,0581	Tilden[35]) 1903
427	0,0590	»
15—100	0,0558	»
15—185	0,0561	»
15—350	0,0576	»
15—435	0,0581	»
17—507	0,05985	Magnus[53]) 1910
16—614	0,06154	»
17—100	0,0560	Schimpff[27]) 1910
0	0,05560	Griffiths[45]) 1913
100	0,05741	»
50	0,0559	Schübel[28]) 1914
100	0,0563	»
200	0,0569	»
300	0,0580	»
400	0,0596	»
500	0,0621	»
600	0,0656	»
18—100	0,0560	»
18—200	0,0564	»
18—300	0,0568	»
18—400	0,0572	»
18—500	0,0583	»
18—600	0,0595	»

Zahlentafel 40. Silber.

Temperatur °C	Wärmeinhalt cal/g beobachtet	Wärmeinhalt cal/g berechnet	Unterschied cal/g	Unterschied vH	Temperatur °C	Wärmeinhalt cal/g beobachtet	Wärmeinhalt cal/g berechnet	Unterschied cal/g	Unterschied vH
100	5,44	5,78	−0,34	−6,25	900	56,27	55,96	+0,31	+0,55
200	11,46	11,67	−0,21	−1,83	925	57,57	57,65	−0,08	−0,14
300	18,04	17,67	+0,37	+2,05	961		60,08		
400	24,48	23,78	+0,70	+2,86	961		86,10		
500	30,55	30,00	+0,55	+1,80	975	86,27	86,97	−0,70	−0,81
550	34,24	33,15	+1,09	+3,19	1000	89,10	88,54	+0,56	+0,63
600	36,06	36,32	−0,26	−0,72	1025	89,78	90,15	−0,37	−0,41
650	39,84	39,53	+0,31	+0,78	1050	92,46	91,80	+0,66	+0,71
700	42,80	42,76	+0,04	+0,09	1100	95,49	95,19	+0,30	+0,31
750	46,28	46,02	+0,26	+0,56	1150	99,24	98,73	+0,51	+0,51
800	48,48	49,31	−0,83	−1,71	1200	100,96	102,41	−1,45	−1,44
850	52,36	52,62	−0,26	−0,50	1300	110,66	110,19	+0,47	+0,42
875	53,86	54,39	−0,53	−0,99					

Zahlentafel 41. Silber.

Temperatur °C	mittlere spezifische Wärme	wahre spezifische Wärme	Temperatur °C	mittlere spezifische Wärme	wahre spezifische Wärme
0		0,0573	800	0,0616	0,0660
100	0,0578	0,0583	900	0,0622	0,0671
200	0,0584	0,0594	961	0,0625	0,0678
300	0,0589	0,0605	961	0,0896	0,0615
400	0,0595	0,0616	1000	0,0885	0,0637
500	0,0600	0,0627	1100	0,0865	0,0694
600	0,0605	0,0638	1200	0,0853	0,0750
700	0,0611	0,0649	1300	0,0848	0,0807

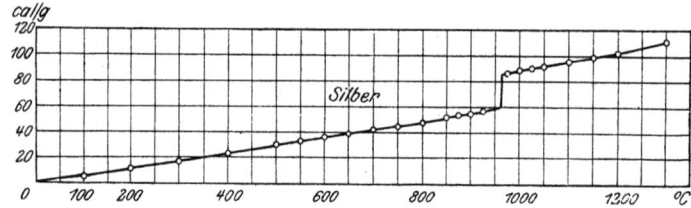

Abb. 44. Wärmeinhalt.

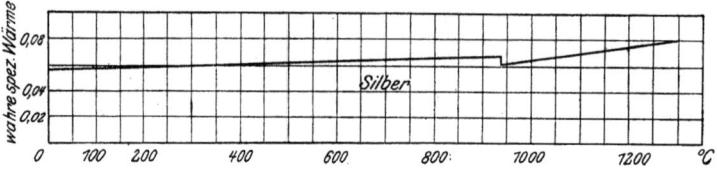

Abb. 45. mittlere spez. Wärme.

Abb. 46. wahre spez. Wärme.

schied beträgt bei 0° etwa 2,5 vH. Mit steigender Temperatur wird die Uebereinstimmung besser. Die Werte von Pionchon[5], der seine Untersuchungen bis oberhalb des Schmelzpunktes ausgedehnt hat, liegen schon bei tiefen Temperaturen etwas höher als die eigenen und wachsen mit steigender Temperatur auch rascher an. Oberhalb des Schmelzpunktes beträgt der Unterschied etwa 2 vH. Die von Schübel[28] mitgeteilten Werte zeigen ebenfalls einen etwas stärkeren Anstieg als die eigenen, sie erreichen diese aber auch bei den höchsten Temperaturen (600°) nicht ganz.

Die Schmelzwärme ist zu 26,02 cal/g bestimmt worden; Person[48] gibt 21,07, Pionchon[5] 24,72 cal/g an.

Die Wärmeinhaltskurve von Silber weist keinen Umwandlungspunkt auf; Jänecke[55] findet einen solchen zwischen 118 und 122°.

Gold. (Zahlentafel 42 bis 44, Abb. 47 bis 49.)

Für die spezifische Wärme von Gold liegen die meisten Werte der Literatur (Zahlentafel 42) etwas tiefer als die eigenen, die Unterschiede sind aber sehr gering.

Zahlentafel 42. Gold.

Temperatur °C	spezifische Wärme	Beobachter
0—100	0,0316	Violle[32] 1879
18—99	0,0303	Voigt[42] 1893
18	0,03103	Jaeger und Diesselhorst[33] 1900
100	0,03114	"
18	0,0380	Reichsanstalt[68] 1901
17—100	0,03096	Schimpff[27] 1910

Zahlentafel 43. Gold.

Temperatur °C	Wärmeinhalt cal/g beobachtet	Wärmeinhalt cal/g berechnet	Unterschied cal/g	Unterschied vH	Temperatur °C	Wärmeinhalt cal/g beobachtet	Wärmeinhalt cal/g berechnet	Unterschied cal/g	Unterschied vH
100	2,96	3,18	—0,22	—7,44	1000	32,84	33,01	—0,17	—0,52
200	6,03	6,39	—0,36	—5,98	1025	34,06	33,87	+0,19	+0,56
300	9,63	9,63	0,00	0,00	1050	35,10	34,73	+0,37	+1,05
400	13,20	12,89	+0,31	+2,35	1064		35,21		
500	15,99	16,18	—0,19	—1,09	1064		51,08		
600	19,55	19,49	+0,06	+0,31	1075	51,62	51,43	+0,19	+0,37
700	22,96	22,83	+0,13	+0,57	1100	52,08	52,25	—0,17	—0,33
750	24,57	24,51	+0,06	+0,24	1125	53,03	53,08	—0,05	—0,09
800	25,96	26,20	—0,24	—0,92	1150	53,80	53,92	—0,12	—0,22
850	27,76	27,89	—0,13	—0,47	1200	55,76	55,63	+0,13	+0,23
900	29,36	29,59	—0,23	—0,78	1250	57,48	57,38	+0,10	+0,17
950	31,17	31,30	—0,13	—0,42	1300	59,09	59,17	—0,08	—0,14
975	32,21	32,15	+0,06	+0,19					

Zahlentafel 44. Gold.

Temperatur °C	mittlere spezifische Wärme	wahre spezifische Wärme	Temperatur °C	mittlere spezifische Wärme	wahre spezifische Wärme
0		0,0317	800	0,0328	0,0338
100	0,0318	0,0320	900	0,0329	0,0341
200	0,0320	0,0322	1000	0,0330	0,0343
300	0,0321	0,0325	1064	0,0331	0,0345
400	0,0322	0,0328	1064	0,0480	0,0323
500	0,0324	0,0330	1100	0,0475	0,0329
600	0,0325	0,0333	1200	0,0464	0,0346
700	0,0326	0,0335	1300	0,0455	0,0364

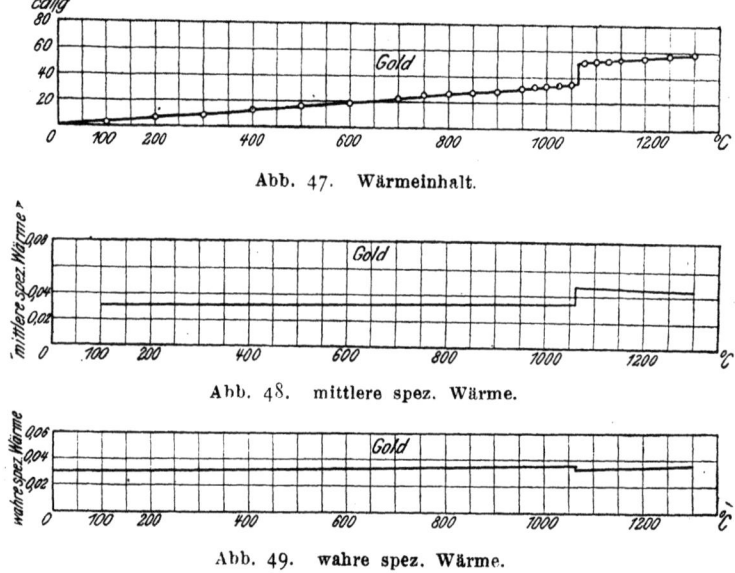

Abb. 47. Wärmeinhalt.

Abb. 48. mittlere spez. Wärme.

Abb. 49. wahre spez. Wärme.

Wesentlich höher als alle anderen wurde der Wert für die spezifische Wärme in der Reichsanstalt[68]) gefunden, nämlich zu 0,0380 bei 18°.

Die Schmelzwärme von Gold beträgt 15,87 cal/g. Rudorf[69]) gibt 16,3 cal/g an.

Kupfer. (Zahlentafel 45 bis 47. Abb. 50 bis 52.)

Die in der Literatur enthaltenen Werte über die spezifische Wärme von Kupfer erreichen im allgemeinen nicht die Höhe der durch vorliegende Untersuchung ermittelten. Mit Ausnahme der Beobachtungen von Le Verrier[61]) liegen die Angaben der Literatur für die spezifische Wärme bis 300° tiefer als 0,1, während die eigenen Werte sämtlich größer sind. Schübels[25]) Werte steigen etwas rascher an als die eigenen; sie ergeben bei höheren Temperaturen eine gute Uebereinstimmung, während bei 100° die Abweichung 7 bis 8 vH beträgt.

Die Schmelzwärme des Kupfers ergibt sich zu 40,97 cal/g. J. W. Richards[70]) fand 43,0 Th. W. Richards[71]) 30 und Glaser[44]) 41,63 cal/g.

Zahlentafel 45. Kupfer.

Temperatur °C	spezifische Wärme	Beobachter
15—100	0,09331	Bède[37]) 1855
16—172	0,09483	»
17—247	0,09680	»
0—100	0,0930	Kopp[38]) 1864/65
0	0,08970	Lorenz[40]) 1881
16—100	0,09421	»
17	0,09245	Naccari[55]) 1888
100	0,09422	»
200	0,09634	»
300	0,09846	»
17—99,3	0,09360	»
17—171	0,09389	»
17—321	0,09570	»

Zahlentafel 45. Kupfer (Fortsetzung).

Temperatur °C	spezifische Wärme	Beobachter
0—300	0,104	Le Verrier [61] 1892
320—380	0,104	»
360—580	0,125	»
580—780	0,09	»
780—1000	0,118	»
19—99	0,0923	Voigt [42] 1893
0	0,0939	J. W. Richards [70] 1893
900	0,1259	»
0	0,0907	Behn [43] 1898/1900
18—100	0,094	»
16,7	0,09108	Gaede [34] 1902/03
92,3	0,09403	»
17—100	0,0930	»
18—1084	0,1172	Glaser [43] 1904
18—1084	0,1556	»
17—100	0,0925	Schimpff [27] 1910
15—238	0,09510	Magnus [59] 1910
15—338	0,09575	»
0	0,09088	Griffiths [45] 1913
100	0,09530	»
50	0,0924	Schübel [28] 1914
100	0,0940	»
200	0,0966	»
300	0,0993	»
400	0,1014	»
500	0,1043	»
600	0,1080	»
18—100	0,0928	»
18—200	0,0940	»
18—300	0,0954	»
18—400	0,0965	»
18—500	0,0981	»
18—600	0,0994	»

Zahlentafel 46. Kupfer.

Temperatur °C	Wärmeinhalt cal/g		Unterschied		Temperatur °C	Wärmeinhalt cal/g		Unterschied	
	beobachtet	berechnet	cal/g	vH		beobachtet	berechnet	cal/g	vH
100	10,00	10,11	—0,11	—1,10	1050	109,84	109,19	+0,65	+0,59
200	20,20	20,28	—0,08	—0,40	1070	112,60	111,34	+1,26	+1,12
300	30,45	30,51	—0,06	—0,20	1084		112,84		
400	41,05	40,80	+0,25	+0,61	1084		163,81		
500	52,62	51,16	+1,46	+2,78	1100	163,60	164,44	—0,84	—0,51
600	62,57	61,57	+1,00	+1,60	1125	167,35	167,05	+0,30	+0,18
700	70,97	72,05	—1,08	—1,52	1150	169,72	169,74	—0,02	—0,01
800	81,78	82,58	—0,80	—0,98	1175	173,07	172,52	+0,55	+0,32
900	91,79	93,18	—1,39	—1,51	1200	175,47	175,38	+0,09	+0,05
950	98,30	98,57	—0,27	—0,28	1250	182,24	181,34	+0,90	+0,49
1000	103,16	103,84	—0,68	—0,66	1300	186,64	187,62	—0,98	—0,53
1030	107,17	107,05	+0,12	+0,11					

Zahlentafel 47. Kupfer.

Temperatur °C	mittlere spezifische Wärme	wahre spezifische Wärme	Temperatur °C	mittlere spezifische Wärme	wahre spezifische Wärme
0		0,1008	800	0,1032	0,1057
100	0,1011	0,1014	900	0,1035	0,1063
200	0,1014	0,1020	1000	0,1038	0,1069
300	0,1017	0,1026	1084	0,1041	0,1074
400	0,1020	0,1032	1084	0,1511	0,1007
500	0,1023	0,1038	1100	0,1495	0,1028
600	0,1026	0,1045	1200	0,1462	0,1159
700	0,1029	0,1051	1300	0,1443	0,1291

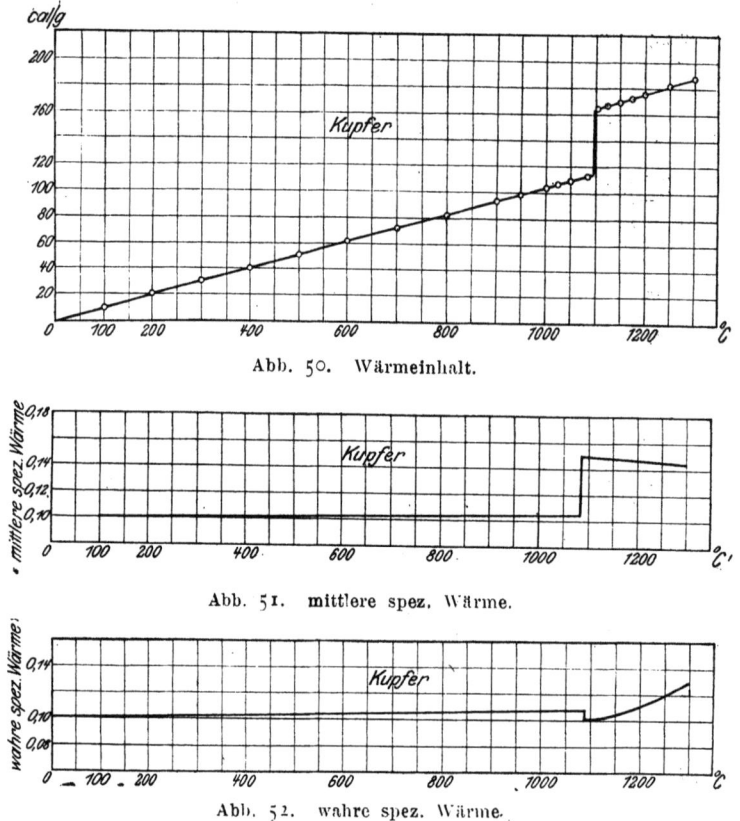

Abb. 50. Wärmeinhalt.

Abb. 51. mittlere spez. Wärme.

Abb. 52. wahre spez. Wärme.

Die Wärmeinhaltskurve besitzt außer dem Schmelzpunkt keinen Umwandlungspunkt; Cohen und Helderman[52] fanden einen solchen bei 71,7° und wiesen in einer späteren Arbeit nach, daß beim Kupfer mehr als zwei allotrope Modifikationen vorliegen.

Jänecke[55] gibt einen Umwandlungspunkt bei etwa 100° an.

5) Mangan, Nickel, Kobalt.

Bei den Metallen dieses Abschnittes zeigt die Wärmeinhaltskurve außer der Unstetigkeit beim Schmelzpunkt eine oder mehrere Abweichungen bezw. Unstetigkeiten.

Die Metalle wurden von Kahlbaum als reinste Stoffe bezogen.

Mangan. (Zahlentafel 48 bis 50, Abb. 53 bis 55.)

Die Eigenschaft des Mangans, sich mit Kieselsäure leicht zu Mangansilikaten zu verbinden, machte sich bei der Ausführung der Versuche insofern störend bemerkbar, als bei Temperaturen über 1000° die Quarzröhrchen von dem eingeschlossenen Metall leicht angefressen wurden; in besonderem Maße trat dieser Umstand nach Ueberschreitung des Schmelzpunktes in die Erscheinung, sodaß sich die Notwendigkeit ergab, für jeden einzelnen Versuch einen neuen Probekörper herzustellen. Aber auch auf diese Weise gelang es nicht, oberhalb 1250° Versuche zur Ausführung zu bringen, da in diesem Temperaturbereich die Quarzhülle schon nach einigen Sekunden zerstört wurde.

Die Wärmeinhaltskurve von Mangan (Abb. 53) setzt sich aus fünf Aesten zusammen.

Zahlentafel 48. Mangan.

Temperatur °C	spezifische Wärme	Beobachter
0	0,1072	Laemmel[72]) 1905
100	0,1143	»
200	0,1214	»
300	0,1309	»
400	0,1450	»
500	0,1652	»
60	0,12109	Stücker[30]) 1905
125	0,12790	»
225	0,16644	»
325	0,17830	»
425	0,17257	»
525	0,24774	»
20—100	0,12109	»
20—200	0,12881	»
20—300	0,14207	»
20—400	0,15107	»
20—500	0,15891	»

Zahlentafel 49. Mangan.

Temperatur °C	Wärmeinhalt cal/g beobachtet	Wärmeinhalt cal/g berechnet	Unterschied cal/g	Unterschied vH	Temperatur °C	Wärmeinhalt cal/g beobachtet	Wärmeinhalt cal/g berechnet	Unterschied cal/g	Unterschied vH
100	11,87	12,29	—0,42	—3,54	1100	173,87			
200	25,37	25,09	+0,28	+1,11	1120	185,74			
300	38,48	38,37	+0,11	+0,29	1130	191,13			
400	52,12	52,21	—0,09	—0,17	1130		192,60		
500	66,14	66,53	—0,39	—0,65	1150	196,10	196,14	—0,04	—0,02
600	82,02	81,37	+0,65	+0,79	1180	201,49	201,45	—0,04	—0,02
700	96,33	96,71	—0,38	—0,39	1200	204,95	204,99	—0,04	—0,02
800	113,09	112,56	+0,53	+0,47	1210	206,79	206,76	+0,03	+0,01
900	129,59	128,95	+0,64	+0,49	1220	217,78			
1000	145,46	145,78	—0,32	—0,22	1225	228,19			
1050	153,81	154,40	—0,59	—0,38	1230	247,39	247,37	+0,02	+0,01
1070		157,89			1240	249,31	249,35	—0,04	—0,02
1080	163,61				1250	251,35	251,33	+0,02	+0,01

Zahlentafel 50. Mangan.

Temperatur °C	mittlere spezifische Wärme	wahre spezifische Wärme	Temperatur °C	mittlere spezifische Wärme	wahre spezifische Wärme
0		0,1204	900	0,1433	0,1661
100	0,1229	0,1254	1000	0,1458	0,1712
200	0,1255	0,1305	1050	0,1471	0,1737
300	0,1279	0,1356	1070	0,1476	0,1747
400	0,1305	0,1407	1130	0,1704	0,1770
500	0,1331	0,1458	1200	0,1708	0,1770
600	0,1356	0,1509	1210	0,1709	0,1770
700	0,1382	0,1559	1230	0,2011	0,1980
800	0,1407	0,1610	1250	0,2011	0,1980

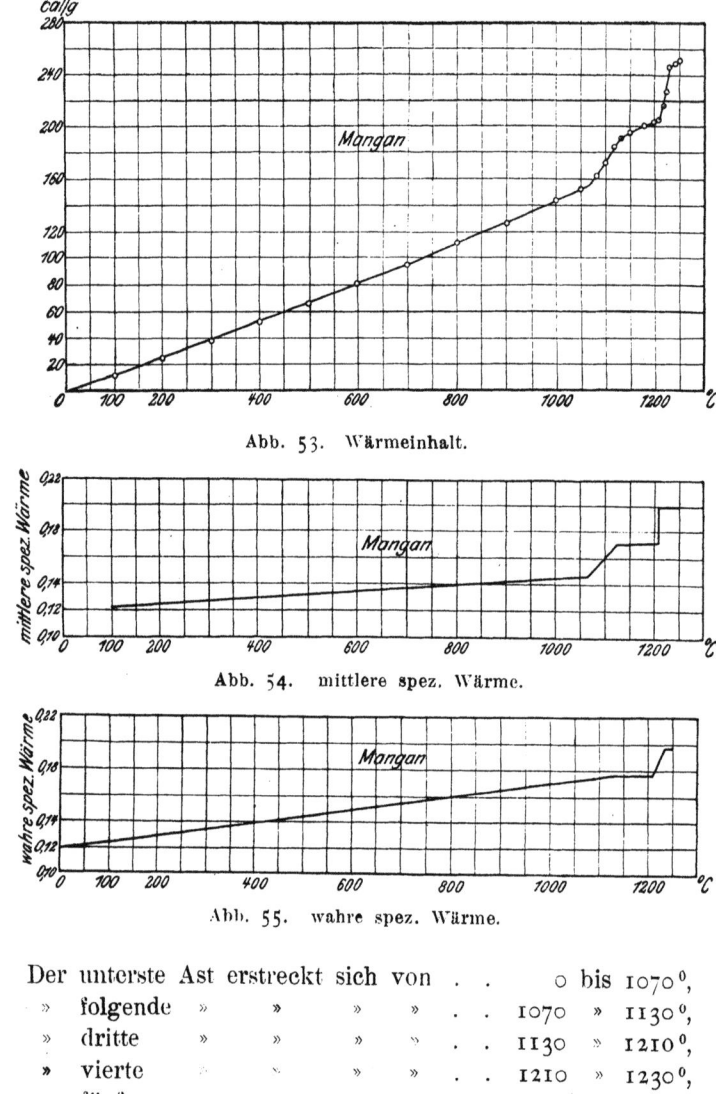

Abb. 53. Wärmeinhalt.

Abb. 54. mittlere spez. Wärme.

Abb. 55. wahre spez. Wärme.

Der unterste Ast erstreckt sich von				0 bis 1070°,
» folgende	»	»	»	1070 » 1130°,
» dritte	»	»	»	1130 » 1210°,
» vierte	»	»	»	1210 » 1230°,
» fünfte	»	»	»	1230 » 1250°.

Der höchste Versuchspunkt des untersten Astes liegt bei 1050°. Der Versuchswert bei 1080° liegt höher als der entsprechende Punkt der extrapolierten Kurve, und zwar ist der Unterschied größer als der durchschnittliche Versuchsfehler. Dieser Versuchspunkt bei 1080° liegt mit drei weiteren Punkten (Zahlentafel 49, Abb. 53) ungefähr auf einer Geraden, dem zweiten Kurvenast.

Die durch diese vier Punkte gelegte Gerade schneidet die unterhalb liegende Parabel bei 1070°, den oben sich an die Gerade anschließenden Ast bei 1130°. Der letztere erstreckt sich bis zum Schmelzpunkt und wurde wegen seiner geringen Ausdehnung als Gerade berechnet. Der Versuchspunkt bei 1210° liegt noch gut auf dieser Geraden. Bei diesem Punkt beginnt der vierte steil ansteigende Kurvenast, der durch die Schmelzung bedingt ist und sich bis 1230° erstreckt. Der Versuchswert bei 1230° liegt auf dem letzten Ast, der ebenfalls wieder als Gerade berechnet wurde.

In dem Schmelzbereich 1210 bis 1230° wurden für die Temperaturen 1220 und 1225° die Wärmeinhalte bestimmt; die hierfür erhaltenen Werte liegen höher, als es den betreffenden Punkten des extrapolierten unteren Astes entsprechen würde, und tiefer, als wie sie sich aus einer Extrapolation der oberen Kurve ergeben würden. Die Schmelzung hatte also bei diesen Temperaturen schon begonnen, war aber noch nicht beendet. Der Grund dafür, daß die Schmelzung scheinbar in einem Temperaturbereich stattfindet und nicht bei einer bestimmten Temperatur, ist darin zu suchen, daß die betreffende Versuchstemperatur nur kurze Zeit gleich gehalten werden konnte, weil sonst eine Zerstörung der Quarzhülle eintrat. Die Temperaturkonstanz reichte somit nicht aus, um einen der betreffenden Temperatur entsprechenden Gleichgewichtzustand herbeizuführen, d. h. um das Metall bei der Schmelztemperatur zu verflüssigen; es ist daher anzunehmen, daß die Temperatur des Schmelzpunktes näher bei 1210 als bei 1230° liegt. Bei idealen Versuchsbedingungen würde sich bei der Schmelzung jedenfalls eine Unstetigkeit in der Nähe von 1210° ergeben. Die Schmelzwärme wurde deshalb auf diese Temperatur berechnet; sie beträgt 36,65 cal/g. Zemczuzny und Efremow[73] berechneten die Schmelzwärme des Mangans zu 27,5 cal/g.

Eine ausführliche Zusammenstellung über die in der Literatur angegebenen Temperaturen für die Schmelzpunkte von Mangan findet sich in der Arbeit von Rümelin und Fick[74].

Unterhalb des Schmelzpunktes konnten die Temperaturen genügend lange gleich gehalten werden, um einen Gleichgewichtzustand zu gewährleisten; der Nachweis hierfür ließ sich durch Versuche mit verschiedener Dauer der Temperaturkonstanz erbringen. Infolgedessen muß die in dem Temperaturbereich von 1070 bis 1130° auftretende Unregelmäßigkeit als eine »Abweichung« bezeichnet werden; der bis dahin sich mit der Temperatur stetig ändernde Energiegehalt des Mangans erfährt in diesem Temperaturbereich eine anomale Steigerung, die auf eine polymorphe Umwandlung hinweist. Welcher Art diese Umwandlung ist, kann durch vorliegende Untersuchung nicht entschieden werden. Die Wärmetönung der Umwandlung, auf 1100° berechnet, beträgt 24,14 cal/g; der Wärmeeffekt ist also für einen derartigen Vorgang erheblich.

Auf die Feststellung dieser Umwandlung hin dehnten Rümelin und Fick[74] im eisenhüttenmännischen Institut Aachen ihre Untersuchungen nach dieser Richtung aus und stellten mittels thermischer Analyse einen Umwandlungspunkt bei 1146° fest. Rümelin und Fick hatten den Schmelzpunkt des Mangans zu 1247° gefunden, sodaß der von ihnen bestimmte Umwandlungspunkt 101° unter dem Schmelzpunkt liegt; der Unterschied zwischen Schmelz- und Umwandlungspunkt beträgt nach den eigenen Versuchen 110°.

Im übrigen gibt die Literatur nichts über einen Umwandlungspunkt von Mangan an.

Die Werte für die spezifische Wärme des Mangans von Laemmel[72] wie auch von Stücker[30] (Zahlentafel 48) liegen bei niedrigen Temperaturen tiefer als die hier gefundenen, überholen diese aber schon bei 200 bis 300° und steigen dann bedeutend rascher an. Die Unterschiede sind bei den höchsten Temperaturen (500°), bis zu denen Stücker und Laemmel ihre Untersuchungen durchgeführt haben, sehr beträchtlich, sowohl bei den Werten der beiden Forscher unter sich wie auch mit den hier gefundenen.

Nickel. (Zahlentafel 51 bis 53, Abb. 56 bis 58.)

Die Wärmeinhaltskurve des Nickels besteht wie die des Mangans aus fünf Teilen. Außer der Unstetigkeit beim Schmelzpunkt, der durch die Versuche zwischen 1440 und 1460° eingeschlossen wurde, tritt auch hier noch eine

Zahlentafel 51. Nickel.

Temperatur °C	spezifische Wärme	Beobachter
100	0,11283	Pionchon [5] 1887
300	0,14029	»
500	0,12988	»
800	0,1484	»
1000	0,16075	»
18—100	0,1100	Naccari [58] 1887/88
18—200	0,1145	»
18—300	0,1192	»
21—99	0,1084	Voigt [42] 1893
17—100	0,109	Behn [43] 1900
17—100	0,1111	Jaeger und Diesselhorst [33] 1900
18—100	0,1080	Tilden [35] 1903
18—200	0,1123	»
18—300	0,1170	»
18—400	0,1221	»
18—500	0,1240	»
18—600	0,1241	»
0—20	0,10340	Schlett [36] 1907
0—105	0,10810	»
0—309	0,11740	»
17—100	0,1088	Schimpff [27] 1910
50	0,1080	Schübel [28] 1914
100	0,1133	»
200	0,1237	»
300	0,1320	»
400	0,1245	»
500	0,1255	»
600	0,1260	»
18—100	0,1086	»
18—200	0,1139	»
18—300	0,1187	»
18—400	0,1256	»
18—500	0,1253	»
18—600	0,1254	»

Zahlentafel 52. Nickel.

Temperatur °C	Wärmeinhalt cal g		Unterschied		Temperatur °C	Wärmeinhalt cal g		Unterschied	
	beobachtet	berechnet	cal/g	vH		beobachtet	berechnet	cal/g	vH
100	11,81	11,47	+0,34	+2,88	400	52,19	52,15	+0,04	+0,08
150	17,24	17,60	—0,36	—2,09	450	59,13	58,62	+0,51	+0,86
200	24,02	24,00	+0,02	+0,08	500	65,39	65,09	+0,30	+0,46
233	28,27	28,35	—0,07	—0,25	600	77,75	78,04	—0,29	—0,38
250	30,78	30,65	+0,13	+0,42	700	91,10	90,98	+0,12	+0,13
275	34,09	34,07	+0,02	+0,06	800	104,22	103,93	+0,29	+0,28
300	37,58	37,57	+0,01	+0,03	900	116,69	116,88	—0,19	—0,16
320	40,31	40,41	—0,10	—0,25	1000	129,99	129,83	+0,16	+0,12
325	41,70				1100	142,49	142,78	—0,29	—0,20
330	43,09	43,09	0,00	0,00	1200	155,48	155,74	—0,26	—0,17
340	44,30	44,39	—0,09	—0,20	1300	169,11	168,70	+0,41	+0,24
350	45,49	45,68	—0,19	—0,44	1400	182,17	181,66	+0,51	+0,28
355	46,61	46,33	+0,28	+0,60	1440	186,19	186,82	—0,63	—0,34
360	46,99	46,98	+0,01	+0,02	1451		188,27		
365	47,33	47,62	—0,29	—0,61	1451		244,35		
370	48,35	48,28	+0,07	+0,14	1460	246,39	245,56	+0,83	+0,34
380	49,07	49,57	—0,50	—1,02	1480	247,41	248,23	—0,82	—0,33
390	51,01	50,86	+0,15	+0,29	1500	250,04	250,91	—0,87	—0,35
395	51,30	51,51	—0,21	—0,41	1520	254,44	253,59	+0,85	+0,33

Zahlentafel 53. Nickel.

Temperatur °C	mittlere spezifische Wärme	wahre spezifische Wärme	Temperatur °C	mittlere spezifische Wärme	wahre spezifische Wärme
0		0,1095	900	0,1299	0,1295
100	0,1147	0,1200	1000	0,1298	0,1295
200	0,1200	0,1305	1100	0,1298	0,1296
300	0,1252	0,1409	1200	0,1298	0,1296
320	0,1263	0,1430	1300	0,1298	0,1296
330	0,1306	0,1294	1400	0,1298	0,1296
400	0,1304	0,1294	1451	0,1298	0,1296
500	0,1302	0,1294	1451	0,1684	0,1338
600	0,1301	0,1294	1500	0,1673	0,1338
700	0,1300	0,1295	1520	0,1668	0,1338
800	0,1299	0,1295			

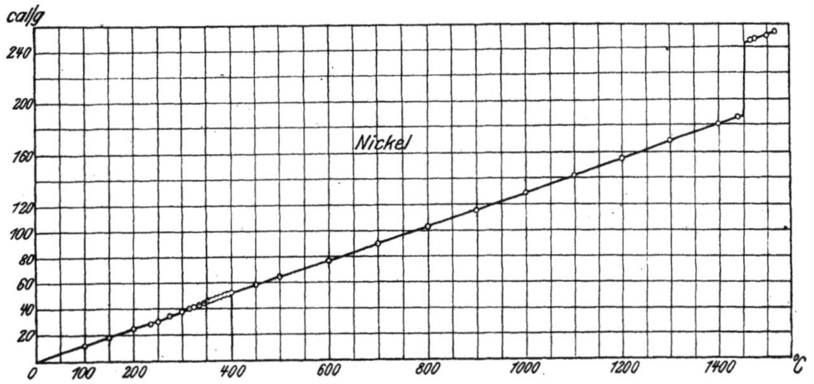

Abb. 56. Wärmeinhalt.

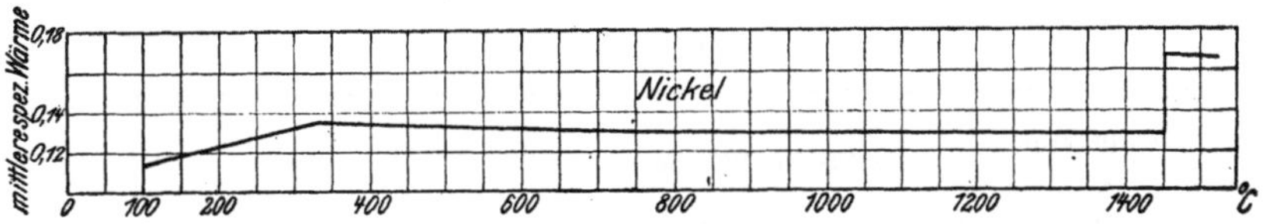

Abb. 57. mittlere spez. Wärme.

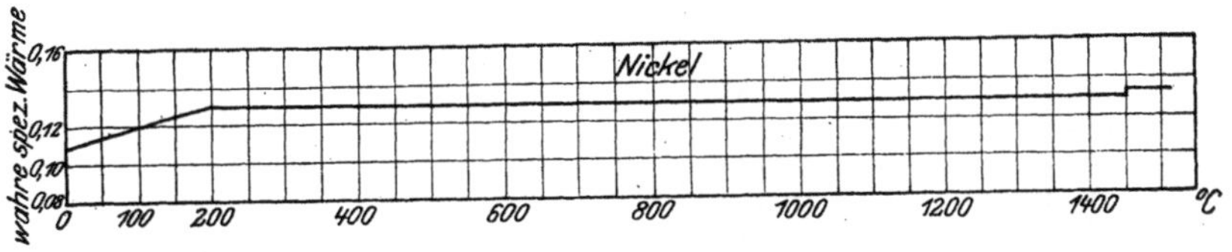

Abb. 58. wahre spez. Wärme.

Unregelmäßigkeit in dem Verlauf der Kurve auf, und zwar zwischen 320 und 330°. Die Versuchswerte bei diesen beiden Temperaturen liegen innerhalb der Versuchsfehler noch auf dem unten bezw. auf dem oben sich an die Abweichung anschließenden Ast, während der Versuchswert für 325° auf keinem der beiden liegt.

Die Wärmetönung bei dieser Abweichung beträgt, auf 325° berechnet, 1,33 cal/g.

Die Schmelzwärme — die Schmelztemperatur wurde zu 1451° angenommen — berechnet sich zu 56,08 cal/g.

Ueber den Umwandlungspunkt des Nickels, bei dem dieses seine magnetische Permeabilität fast vollständig verliert, liegen mehrere Arbeiten vor. Nach

Guertler und Tammann[75]) liegt die Umwandlungstemperatur bei 320°, nach Shukow[76]) bei 340°, nach Baikow[77]) bei 360,8°, nach Honda[78]) bei 353°, nach Werner[56] bei 352°. Während Shukow keine Wärmetönung feststellen konnte, bestimmte sie Werner zu 0,013 cal/g und fand zugleich, daß mit dieser Umwandlung auch ein Knick in der elektrischen Widerstandskurve verbunden ist. Laschtschenko[9]) gibt zwei Umwandlungspunkte an, einen zwischen 355 und 365°, der mit einer Wärmetönung von 3,11 cal/g bei 363° C verbunden ist, und einen zweiten bei 700° C.

Die Abweichung der eigenen Werte für die spezifische Wärme von denen der Literatur (Zahlentafel 51) sind zum Teil recht beträchtlich. So liegen die Angaben von Pionchon[5]) fast durchweg bedeutend höher als die eigenen, besonders bei hohen Temperaturen werden die Unterschiede sehr groß. Eine bessere Uebereinstimmung ergibt sich mit den Werten von Schübel[28]) und Tilden[35]). Bei Schübel ist der Anstieg der mittleren spezifischen Wärme zwischen 300 und 400° C bedeutend steiler als unmittelbar vorher und bleibt oberhalb 400° C fast unverändert. Diese Erscheinung findet ihre Erklärung durch die in diesem Temperaturbereich erfolgende Umwandlung bezw. die mit diesem Vorgang verbundene Wärmetönung.

Schübel gibt in seiner Arbeit eine Erklärung für die zu hohen Werte von Pionchon.

Kobalt. (Zahlentafel 54 bis 56, Abb. 59 bis 61.)

Die Wärmeinhaltskurve von Kobalt ist der von Mangan und Nickel ähnlich; sie setzt sich auch aus fünf Teilen zusammen, hervorgerufen durch eine Umwandlung und die Schmelzung. Die Umwandlung geht auch hier in

Zahlentafel 54. Kobalt.

Temperatur °C	spezifische Wärme	Beobachter
500	0,14516	Pionchon[5]) 1887
800	0,18456	»
1000	0,204	»
18—100	0,1088	»
18—200	0,1129	»
18—300	0,1153	»
18—400	0,1189	»
18—500	0,1230	»
18—600	0,1280	»
15—100	0,1030	Tilden[35]) 1903
15—350	0,1087	»
15—630	0,1234	»
17—100	0,1030	Schimpff[27]) 1910
50	0,1032	Schübel[28]) 1914
100	0,1074	»
200	0,1140	»
300	0,1210	»
400	0,1288	»
500	0,1380	»
18—100	0,1042	»
18—200	0,1079	»
18—300	0,1109	»
18—400	0,1145	»
18—500	0,1180	»
18—600	0,1220	»
15—100	0,1053	Kalmus und Harper[79]) 1915

— 55 —

Zahlentafel 55. Kobalt.

Temperatur °C	Wärmeinhalt cal/g		Unterschied		Temperatur °C	Wärmeinhalt cal/g		Unterschied	
	beobachtet	berechnet	cal/g	vH		beobachtet	berechnet	cal/g	vH
100	10,01	9,52	+0,51	+5,10	1200	175,60	175,50	+0,10	+0,06
200	19,46	19,85	−0,39	−1,95	1250	182,55	182,80	−0,25	−0,14
300	30,91	30,99	−0,08	−0,26	1300	190,31	190,18	+0,13	+0,07
400	42,72	42,93	−0,21	−0,49	1350	198,22	197,64	+0,58	+0,29
500	55,98	55,69	+0,29	+0,52	1400	204,37	205,16	−0,79	−0,39
600	69,03	69,25	−0,22	−0,32	1450	213,60	212,76	+0,84	+0,39
700	83,31	83,62	−0,31	−0,37	1475	216,09	216,58	−0,49	−0,23
800	99,17	98,79	+0,38	+0,38	1478		217,05		
900	114,82	114,77	+0,05	+0,04	1478		275,28		
950	123,03	123,07	−0,04	−0,03	1500	278,11	278,52	−0,43	−0,15
1000	135,87				1525	283,19	282,20	+0,99	+0,35
1050	146,97				1550	284,99	285,88	−0,89	−0,31
1100	161,30	161,10	+0,20	+0,12	1575	290,17	289,56	+0,61	+0,21
1150	167,95	168,26	−0,31	−0,18	1600	292,93	293,24	−0,31	−0,11

Zahlentafel 56. Kobalt.

Temperatur °C	mittlere spezifische Wärme	wahre spezifische Wärme	Temperatur °C	mittlere spezifische Wärme	wahre spezifische Wärme
0		0,0912	950	0,1295	0,1679
100	0,0952	0,0993	1100	0,1465	0,1424
200	0,0993	0,1073	1200	0,1463	0,1454
300	0,1033	0,1154	1300	0,1463	0,1483
400	0,1073	0,1235	1400	0,1465	0,1512
500	0,1114	0,1316	1478	0,1469	0,1535
600	0,1154	0,1396	1478	0,1863	0,1472
700	0,1195	0,1477	1500	0,1857	0,1472
800	0,1235	0,1558	1600	0,1833	0,1472
900	0,1275	0,1639			

einem Temperaturbereich vor sich, der zwischen 950 und 1100° liegt. Der Schmelzpunkt wurde zwischen 1475 und 1500° eingeschlossen.

Die Umwandlungswärme, auf 1025° berechnet, beträgt 14,70 cal/g.

Die Schmelzwärme, auf 1478° (nach Burgess und Waltenberg[11]) berechnet, ergibt sich zu 58,23 cal/g.

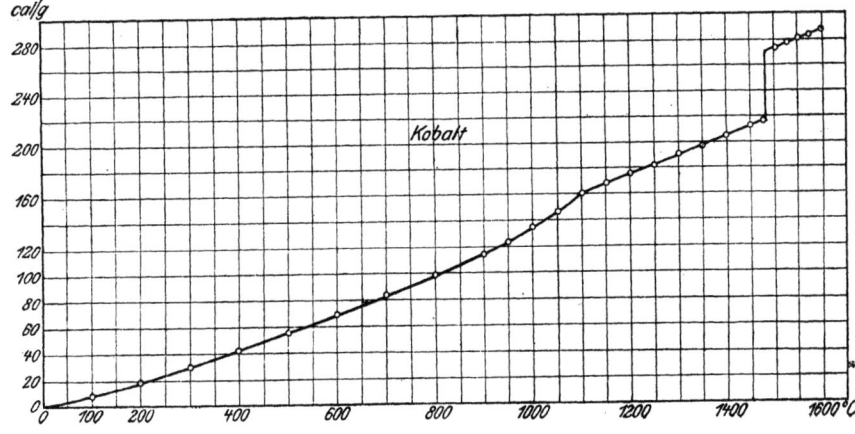

Abb. 59. Wärmeinhalt.

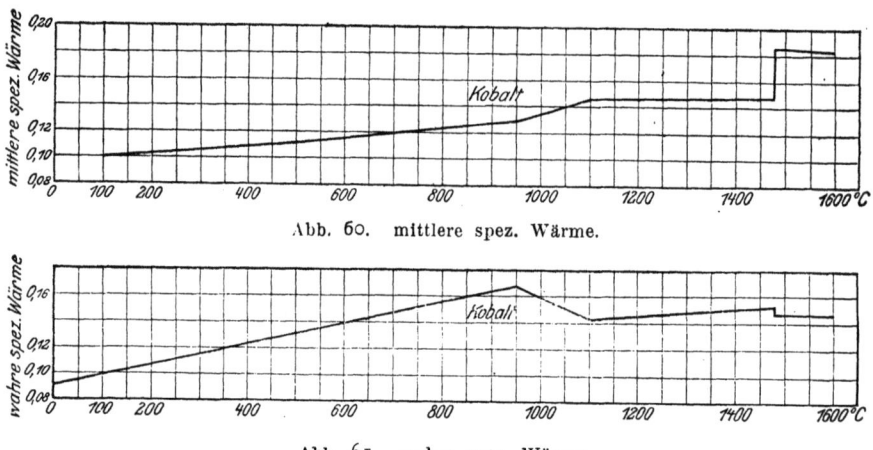

Abb. 60. mittlere spez. Wärme.

Abb. 61. wahre spez. Wärme.

Ueber den Umwandlungspunkt des Kobalts liegen einige Literaturangaben vor. Wie Nickel so verliert auch Kobalt beim Ueberschreiten dieser Umwandlungstemperatur seine Magnetisierbarkeit. Guertler und Tammann[75] fanden die Umwandlung bei 1150°, Shukow[76] bei 1000°; der letztere stellte gleichzeitig eine geringe Wärmetönung fest.

Die Literaturangaben für die spezifische Wärme von Kobalt liegen durchweg tiefer als die eigenen Werte.

6) Theoretische Betrachtungen.

In den letzten Jahren sind verschiedene Arbeiten über eine Theorie der spezifischen Wärmen erschienen, gemäß deren sich die Atomwärme bei gleichbleibendem Rauminhalt mit steigender Temperatur dem Grenzwert 5,97 nähern soll. Die spezifische Wärme bei gleichbleibendem Rauminhalt kann nicht durch Versuch bestimmt werden, sie muß aus der spezifischen Wärme bei gleichbleibendem Druck berechnet werden. Der Ausdruck für die Beziehung zwischen diesen beiden Größen enthält den Rauminhalt, den Kompressibilitäts- und den Ausdehnungskoeffizienten, deren Abhängigkeit von der Temperatur für Metalle nur annähernd bekannt ist. Von der Berechnung der Atomwärme bei gleichbleibendem Rauminhalt wird deshalb hier abgesehen.

Es ist bekannt, daß das Gesetz von Dulong-Petit nur annähernd gilt. Früher ist zur Berechnung der Atomwärme, die nach diesem Gesetz etwa den Wert 6,4 besitzen soll, die spezifische Wärme innerhalb gewisser Temperaturgrenzen beliebig gewählt worden. Da die spezifische Wärme sich mit der Temperatur stark ändert, so muß dieses Verfahren als sehr willkürlich bezeichnet werden, das zu einem strengen Schlusse keine Berechtigung bietet. Von einigen Seiten[72] ist nun der Vorschlag gemacht worden, die Atomwärmen nicht bei verschiedenen sondern bei entsprechenden Temperaturen zu vergleichen. Solche vergleichbare Temperaturen sind nach Laemmel[72] Tx, wenn T die absolute Schmelztemperatur des betreffenden Stoffes und x einen echten Bruch bedeutet. In Zahlentafel 59 sind die Atomwärmen nach diesem Vorschlag berechnet für die Vergleichszustände: $x = 1/4$, $x = 1/2$, $x = 3/4$ und $x = 1$. Die Uebereinstimmung der Atomwärmen bei vergleichbaren Zuständen ist sehr schlecht. Vor allen Dingen fallen die extrapolierten (in der Zahlentafel eingeklammerten) Werte stark heraus, ferner die Atomwärmen solcher Elemente, deren Wärmeinhaltskurven außer der Schmelzung noch andere Umwandlungspunkte aufweisen. Sehen wir von diesen beiden Gruppen von Werten ab, so ergibt sich als Mittel für die Atomwärmen bei $T \cdot 1 : 7{,}07$, bei $T \cdot {}^3/_4 : 7{,}16$, bei $T \cdot {}^1/_2 : 6{,}76$ und bei $T \cdot {}^1/_4 : 6{,}30$. Trotz der Ausschaltung der als unzuverlässig erscheinenden Werte läßt also die Uebereinstimmung zwischen den einzelnen Atomwärmen zu wünschen übrig.

In Abb. 62 sind im oberen Teile die absoluten Schmelztemperaturen, multipliziert mit dem Atomgewicht, und im unteren Teile die Schmelzwärmen, multipliziert mit dem Atomgewicht, in Abhängigkeit von den Atomgewichten aufgetragen. Der periodische Charakter kommt gut zum Ausdruck, besonders bei den Schmelztemperaturen. Allerdings fallen einige Punkte stark heraus. Die Werte für die Schmelzwärmen der einzelnen Elemente sind, soweit untersucht, der vorliegenden Arbeit und im übrigen der Literatur entnommen.

Zahlentafel 57.

Gleichungen für die Wärmeinhalte: $W = a + bt + ct^2$ und für die mittleren spezifischen Wärmen: $s = at^{-1} + b + ct$.

Metall	Temperaturbereich °C	a	b	c
Chrom	0—1500	—	0,10233	$33{,}47 \cdot 10^{-6}$
Molybdän	0—1500	—	0,06162	$10{,}99 \cdot 10^{-6}$
Wolfram	0—1500	—	0,03325	$1{,}07 \cdot 10^{-6}$
Platin	0—1500	—	0,03121	$3{,}54 \cdot 10^{-6}$
Zinn	0—232	—	0,06829	—
	232—1000	14,33	0,07020	$-18{,}30 \cdot 10^{-6}$
Wismut	0—270	—	0,03141	$5{,}22 \cdot 10^{-6}$
	270—1000	10,31	0,03107	$5{,}41 \cdot 10^{-6}$
Kadmium	0—321	—	0,05550	$6{,}28 \cdot 10^{-6}$
	321—1000	6,30	0,06952	$6{,}37 \cdot 10^{-6}$
Blei	0—327	—	0,03591	$-11{,}47 \cdot 10^{-6}$
	327—1000	6,07	0,02920	$3{,}30 \cdot 10^{-6}$
Zink	0—419	—	0,08777	$43{,}48 \cdot 10^{-6}$
	419—1000	14,34	0,13340	$-16{,}10 \cdot 10^{-6}$
Antimon	0—630	—	0,05179	$3{,}00 \cdot 10^{-6}$
	630—1000	39,42	0,05090	$2{,}96 \cdot 10^{-6}$
Aluminium	0—657	—	0,22200	$38{,}57 \cdot 10^{-6}$
	657—1000	102,39	0,21870	$24{,}00 \cdot 10^{-6}$
Silber	0—961	—	0,05725	$5{,}48 \cdot 10^{-6}$
	961—1300	53,17	0,00710	$28{,}30 \cdot 10^{-6}$
Gold	0—1064	—	0,03171	$1{,}30 \cdot 10^{-6}$
	1064—1300	26,35	0,01420	$8{,}52 \cdot 10^{-6}$
Kupfer	0—1084	—	0,10079	$3{,}05 \cdot 10^{-6}$
	1084—1300	130,74	—0,04150	$65{,}6 \cdot 10^{-6}$
Mangan	0—1070	—	0,12037	$25{,}41 \cdot 10^{-6}$
	1130—1210	—7,41	0,17700	—
	1230—1250	3,83	0,19800	—
Nickel	0—320	—	0,10950	$52{,}40 \cdot 10^{-6}$
	330—1451	0,41	0,12931	$0{,}11 \cdot 10^{-6}$
	1451—1520	50,21	0,13380	—
Kobalt	0—950	—	0,09119	$40{,}77 \cdot 10^{-6}$
	1100—1478	22,00	0,11043	$14{,}57 \cdot 10^{-6}$
	1478—1600	57,72	0,14720	—
Eisen	0—725	—	0,10545	$56{,}84 \cdot 10^{-6}$
	785—919	—1,63	0,1592	—
	919—1404,5	18,31	0,14472	$0{,}05 \cdot 10^{-6}$
	1404,5—1528	—77,18	0,21416	—
	1528—1600	70,03	0,15012	—

— 58 —

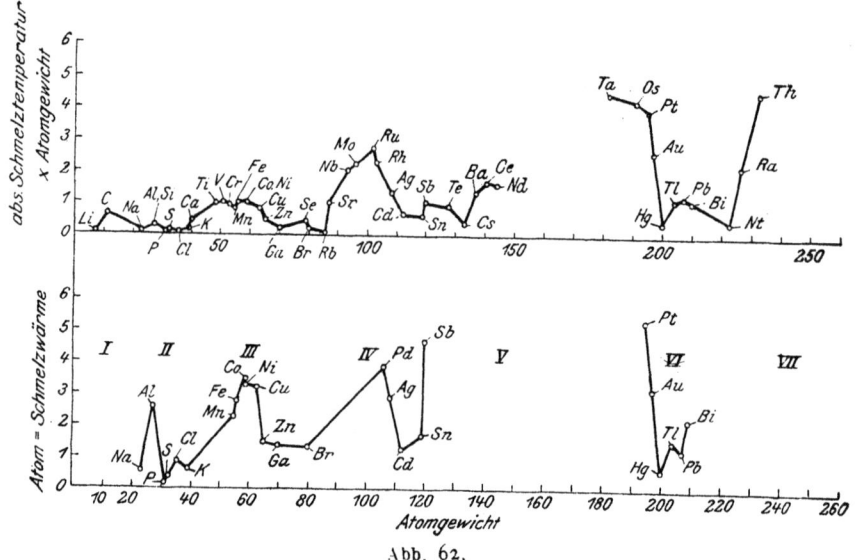

Abb. 62.

Zahlentafel 58.
Gleichung für die wahren spezifischen Wärmen: $s' = a + bt$.

Metall	Temperaturbereich °C	a	b
Chrom	0—1500	0,10233	$66,94 \cdot 10^{-6}$
Molybdän	0—1500	0,06162	$21,98 \cdot 10^{-6}$
Wolfram	0—1500	0,03325	$2,14 \cdot 10^{-6}$
Platin	0—1500	0,03121	$7,08 \cdot 10^{-6}$
Zinn	0—232	0,06829	—
	232—1000	0,07020	$-36,60 \cdot 10^{-6}$
Wismut	0—270	0,03141	$10,44 \cdot 10^{-6}$
	270—1000	0,03107	$10,42 \cdot 10^{-6}$
Kadmium	0—321	0,05550	$12,56 \cdot 10^{-6}$
	321—1000	0,06952	$12,74 \cdot 10^{-6}$
Blei	0—327	0,03591	$-22,94 \cdot 10^{-6}$
	327—1000	0,02920	$6,60 \cdot 10^{-6}$
Zink	0—419	0,08777	$86,96 \cdot 10^{-6}$
	419—1000	0,13340	$-32,20 \cdot 10^{-6}$
Antimon	0—630	0,05179	$6,00 \cdot 10^{-6}$
	630—1000	0,05090	$5,92 \cdot 10^{-6}$
Aluminium	0—657	0,22200	$77,14 \cdot 10^{-6}$
	657—1000	0,21870	$48,00 \cdot 10^{-6}$
Silber	0—961	0,05725	$10,96 \cdot 10^{-6}$
	961—1000	0,00710	$56,60 \cdot 10^{-6}$
Gold	0—1064	0,03171	$2,60 \cdot 10^{-6}$
	1064—1300	0,01420	$17,04 \cdot 10^{-6}$
Kupfer	0—1084	0,10079	$6,10 \cdot 10^{-6}$
	1084—1300	−0,04150	$131,20 \cdot 10^{-6}$
Mangan	0—1070	0,12037	$50,82 \cdot 10^{-6}$
	1130—1210	0,17700	—
	1230—1250	0,19800	—
Nickel	0—320	0,10950	$104,80 \cdot 10^{-6}$
	330—1451	0,12931	$0,22 \cdot 10^{-6}$
	1451—1520	0,13380	—
Kobalt	0—950	0,09119	$80,74 \cdot 10^{-6}$
	1100—1478	0,11043	$29,14 \cdot 10^{-6}$
	1478—1600	0,14720	—
Eisen	0—725	0,10545	$113,68 \cdot 10^{-6}$
	785—919	0,1592	—
	919—1404,5	0,14472	$0,10 \cdot 10^{-6}$
	1404,5—1528	0,21416	—
	1528—1600	0,15012	—

Zahlentafel 59.

Metall	absolute Schmelztemperatur T	Atomwärmen für			
		$T \times 1$	$T \times {}^3/_4$	$T \times {}^1/_2$	$T \times {}^1/_4$
Chrom	1826	(10,37)	9,19	7,55	5,96
Molybdän	etwa 2400	(13,24)	(9,14)	7,87	6,60
Wolfram	etwa 3300	(7,27)	(6,97)	6,66	6,32
Platin	2026	(8,51)	7,83	7,12	6,40
Zinn	505	8,13	8,13	(8,13)	(8,13)
Wismut	543	7,11	6,84	6,53	(6,24)
Kadmium	594	6,69	6,49	6,27	(6,06)
Blei	600	5,59	6,59	7,31	(8,01)
Zink	692	8,12	7,14	6,15	(5,17)
Antimon	903	6,72	6,55	6,39	(6,23)
Aluminium	930	7,39	6,91	6,42	(5,93)
Silber	1234	7,31	6,95	6,58	6,22
Gold	1337	6,80	6,63	6,47	6,23
Kupfer	1357	6,83	6,70	6,56	6,40
Mangan	1483	9,72	8,95	7,92	7,17
Nickel	1724	7,60	7,60	7,59	7,40
Kobalt	1751	9,05	8,29	8,24	6,75
Eisen	1801	11,96	8,09	9,88	7,01
Mittelwert		7,07	7,16	6,76	6,30
oberer Grenzwert		8,13	9,19	7,87	6,60
unterer Grenzwert		5,59	6,49	6,15	5,96

7) Zusammenfassung.

In vorliegender Arbeit wurden die Temperatur-Wärmeinhaltskurven von Quarz und den Metallen: Chrom, Molybdän, Wolfram, Platin, Zinn, Wismut, Kadmium, Blei, Zink, Antimon, Aluminium, Silber, Gold, Kupfer, Mangan, Nickel, Kobalt und Eisen je nach der Höhe der Schmelztemperatur zwischen 0 und

Zahlentafel 60.

	Metall	Atomgewicht	allotrope Umwandlung		Schmelzpunkt		Schmelzwärme $\times$ Atomgewicht : 10^3
			Temperatur °C	Wärmetönung cal/g	Temperatur °C	Wärmetönung cal/g	
Cr	Chrom	52,0			1553		
Mo	Molybdän	96,0			etwa 2100		
W	Wolfram	184,0			etwa 3000		
Pt	Platin	195,2			1753		
Sn	Zinn	119,0			232	13,79	1,64
Bi	Wismut	208,0			270	10,23	2,13
Cd	Kadmium	112,40			321	10,81	1,22
Pb	Blei	207,10			327	5,47	1,13
Zn	Zink	65,37			419	23,01	1,50
Sb	Antimon	120,2			630	38,86	4,67
Al	Aluminium	27,1			657	93,96	2,55
Ag	Silber	107,88			961	26,02	2,81
Au	Gold	197,2			1064	15,87	3,13
Cu	Kupfer	63,57			1084	40,97	2,60
Mn	Mangan	54,93	1070–1130	24,14	1210	36,65	2,01
Ni	Nickel	58,68	320–330	1,33	1451	56,08	3,29
Co	Kobalt	58,97	950–1100	14,70	1478	58,23	3,43
Fe	Eisen	55,84	725–785	6,56	1528	49,35	2,76
			919 $\pm$ 1	6,67			
			1404,5 $\pm$ 0,5	1,94			

1600° bestimmt. Aus den Temperatur-Wärmeinhaltskurven ergaben sich die Wärmetönungen bei den allotropen Umwandlungspunkten und den Schmelzpunkten und deren Lage und Art, außerdem die mittleren und die wahren spezifischen Wärmen.

Bezüglich der spezifischen Wärmen und Wärmeinhalte sei auf die Zahlentafeln und Kurven verwiesen. Die Temperaturen der allotropen Umwandlungen und der Schmelzungen und die damit verbundenen Wärmetönungen sind in Zahlentafel 60 zusammengestellt.

Literaturnachweis.

1.	Oberhoffer,	Metallurgie, Halle **4**, 427 (1907).
2.	Oberhoffer und Meuthen,	Metallurgie, Halle **5**, 173 (1908).
3.	Meuthen.	Ferrum, Halle **10**, 1 (1912).
4.	Joly,	Proceedings of the Royal Society, London **41**, 250 (1887).
5.	Plonchon,	Comptes rendus hebdomadaires des séances de l'académie des sciences, Paris **103**, 1122 (1886), **106**, 1344 (1888).
		Annales de chimie et de physique, Paris **11**, 33 (1887).
6.	Bartoli,	Bulletin mensuel dell'Accademie Gioenia in Catania (n. s.) fasc. 17, 4 (1891).
7.	Stierlin,	Züricher Vierteljahrsschrift **52**, 382 (1907).
8.	White,	American journal of science, Washington (4), **28**, 334 bis 346 (1909).
9.	Laschtschenko,	Journal der Russ. Phys.-Chem. Ges. **42**, 1604 bis 1614 (1910).
		Journal der Russ. Phys.-Chem. Ges. **46**, 311 (1914).
10.	Benedicks,	Metallurgie, Halle **7**, 531 (1910).
		Journal of the Iron and Steel Institute, London **86**, 242 (1912).
		Journal of the Iron and Steel Institute, London **90**, 407 (1914).
	Benedicks und Ragnar Arpi,	Zeitschrift für anorganische Chemie, Hamburg **88**, 237 (1914).
11.	Burgess und Waltenberg,	Bulletin of the bureau of standards, Washington **10**, 79 (1914).
	Burgess und Crowe,	Bulletin of the bureau of standards, Washington **10**, 315 (1913).
12.	Ruer und Klesper,	Ferrum, Halle **10**, 257 (1913).
13.	Ruer und Goerens.	Ferrum, Halle **13**, 1 (1915).
14.	Osmond,	Comptes rendus hebdomadaires des séances de l'académie des sciences, Paris **103**, 743, 1135 (1886).
15.	Stansfield,	Journal of the Iron and Steel Institute, London II, 169 (1899).
16.	Gruner,	Landolt-Börnstein, Phys.-chem. Tab. 1912, 4. Aufl., S. 829.
17.	Wüst und Laval,	Metallurgie, Halle **5**, 431 (1908).
18.	Springorum,	Metallurgie, Halle **7**, 129 (1910).
19.	Schmidt,	Metallurgie, Halle **7**, 164 (1910).
20.	Gillhausen,	Metallurgie, Halle **7**, 421 (1910).
21.	Weiß und Beck,	Journal de Physique théorique et appliquée, Paris **7**, 249 (1908).
22.	Harker,	Philosophical magazine and journal of science, London (6) **10**, 430 (1905).
23.	Williams,	Zeitschrift für anorganische Chemie **55**, 1 (1907).
24.	Voß,	Zeitschrift für anorganische Chemie **57**, 58 (1908).
25.	Mache,	Sitzungsberichte der Kaiserl. Akademie der Wissenschaften zu Wien **106**, 590 (1897).
26.	Nordmeyer und Bernoulli,	Verhandlungen der Physikalischen Gesellschaft **9**, 175 (1907).
27.	Schimpff,	Zeitschrift für physikalische Chemie **71**, 257 (1910).
28.	Schübel,	Zeitschrift für anorganische Chemie, Hamburg **87**, 81 (1914).
29.	Defacqz und Guichard.	Annales de chimie et de physique, Paris **24**, 139 (1901).
30.	Stücker,	Sitzungsberichte der Kaiserl. Akademie der Wissenschaften zu Wien **114**, 657 (1905).
31.	Grodspeed und Smith,	Zeitschrift für anorganische Chemie **8**, 207 (1895).
32.	Violle,	Comptes rendus hebdomadaires des séances de l'académie des sciences, Paris **85**, 543 (1877); **89**, 702 (1879).

33. Jaeger und Diesselhorst. Wissenschaftliche Abhandlungen der Physikalisch-Technischen Reichsanstalt **3**, 269 (1900).
34. Gaede, Physikalische Zeitschrift **4**, 105 (1902/3).
35. Tilden, Proceedings of the Royal Society, London **71**, 220 (1903).
36. Schlett, Dissertation Marburg, 1907.
37. Bède, Fortschritte der Physik **11**, 379 (1855).
38. Kopp, Liebigs Annalen III, Suppl. 289 (1864/65).
39. Bunsen, Poggendorfs Annalen **141**, 1 (1870).
40. Lorenz, Wiedemanns Annalen **13**, 422 (1881).
41. Spring, Bulletin de l'académie royale des sciences, des lettres et des beaux arts de Belgique, Brüssel **11**, 355 (1886).
42. Voigt, Wiedemanns Annalen **49**, 709 (1893).
43. Behn, Wiedemanns Annalen **66**, 237 (1898).
    Annales de physique **1**, 257 (1900).
44. Glaser, Metallurgie, Halle **1**, 103 (1904).
45. E. H. Griffiths und Ezer Griffiths, Proceedings of the Royal Society, London, Serie A, **88**, 549 (1913).
46. Ewald, Annalen der Physik **44**, 1213 (1914).
47. Rudberg, Poggendorfs Annalen **19**, 125 (1830).
48. Person, Annales de chimie et de physique. Paris **24**, 129 (1848).
    Poggendorfs Annalen **76**, 426 (1849).
49. Mazzotto, Memorie del Institute lombardo di szienze a lettere. Mailand **16**, 1 (1891).
50. Robertson, Proceedings of the chemical Society, London **18**, 131 (1903).
51. Guinchant, Comptes rendus hebdomadaires des séances de l'académie des sciences, Paris **145**, 320 (1907).
52. Cohen, Zeitschrift für physikalische Chemie, Leipzig **30**, 601 (1899); **33**, 57 (1900); **35**, 588 (1900); **36**, 523 (1901); **48**, 243 (1904); **50**, 225 (1905); **63**, 625 (1908); **68**, 214 (1909).
    Cohen und Moesveld, Zeitschrift für physikalische Chemie, Leipzig **85**, 419 (1913).
    Cohen und Heldermann, Zeitschrift für physikalische Chemie, Leipzig **87**, 409, 419, 426 (1914); **89**, 493, 638, 728, 733, 742 (1915).
    Cohen und van den Bosch, Zeitschrift für physikalische Chemie, Leipzig **89**, 757 (1915).
53. Degens, Zeitschrift für anorganische Chemie, Hamburg **63**, 207 (1909).
54. Smits und de Leeuw, Koninklijeke Akad. v. Wetensch. Amsterdam, **1912**, 681.
55. Jänecke, Zeitschrift für physikalische Chemie, Leipzig **90**, 313 (1915).
56. Werner, Zeitschrift für anorganische Chemie, Hamburg **83**, 275 (1913).
57. Brönsted, Zeitschrift für physikalische Chemie, Leipzig **88**, 479 (1914).
58. Naccari, Atti di Torino, **23**, 107 (1887/88).
59. Magnus, Annalen der Physik **31**, 597 (1910).
60. Heller, Zeitschrift für physikalische Chemie, Leipzig **90**, 761 (1915).
61. Le Verrier, Comptes rendus hebdomadaires des séances de l'académie des sciences, Paris **114**, 907 (1892).
62. Heycock und Neville, Journal of chemical Society, London **71**, 383 (1897).
63. Le Chatelier, Comptes rendus hebdomadaires des séances de l'académie des sciences, Paris **111**, 414, 454 (1890).
64. Mönkemeyer, Zeitschrift für anorganische Chemie, Hamburg **43**, 182 (1905).
65. Pebal und Jahn, Wiedemanns Annalen **27**, 584 (1886).
66. John, Züricher Vierteljahrsschriften **53**, 186 (1908).
67. Bontschew, Dissertation Zürich, (1900).
68. Reichsanstalt, Wissenschaftliche Abhandlungen der Physikalisch-Technischen Reichsanstalt **3**, 269, 434 (1901).
69. Rudorf, Abegg's Handbuch der anorganischen Chemie II. **1**, 784 (1908).
70. J. W. Richards, Chemical News, London **68**, 58, 69, 82, 93 (1893).
    Journal of the Franklin Institute Mai 1897.

71.	Th. W. Richards,	Zeitschrift für physikalische Chemie, Leipzig **42**, 617 (1903).
72.	Laemmel,	Annalen der Physik **16**, 551 (1905); **23**, 61 (1907)
73.	Zemczuzny und Efremow,	Zeitschrift für anorganische Chemie **57**, 241 (1908).
74.	Rümelin und Fick,	Ferrum, Halle **12**, 41 (1915).
75.	Guertler und Tammann,	Zeitschrift für anorganische Chemie, Hamburg **42**, 353 (1904), **52**, 25 (1907).
76.	Shukow,	Journal der Russischen Physikalisch-Chemischen Gesellschaft **40**, 1748 (1909).
77.	Baikow,	Journal der Russischen Physikalisch-Chemischen Gesellschaft **42**, 1380 (1910).
78.	Honda,	Annalen der Physik **32**, 1003 (1910).
79.	Kalmus und Harper,	Journal of industrial and engineering chemistry, Easton, Pa. **7**. 6 (1915).

If you have any concerns about our products,
you can contact us on
ProductSafety@springernature.com

In case Publisher is established outside the EU,
the EU authorized representative is:
Springer Nature Customer Service Center GmbH
Europaplatz 3, 69115 Heidelberg, Germany

Printed by Libri Plureos GmbH
in Hamburg, Germany